3ds Max+V-Ray 三维建模与渲染教程

高等院校艺术学门类
“十四五”规划教材

第二版

主　编　郑　毅
副主编　董　黎　孙　川　秦　杨　吴新华　袁上杰
参　编　熊朝阳　于志博　赵慧梅　徐　丹　曾　勇

A R T D E S I G N

華中科技大学出版社
http://www.hustp.com
中国·武汉

内 容 简 介

本书以解决艺术类教学中重理论、轻实践的根本问题为目标，合理地进行教学资源的配置，使学生在课后能够依据本书来举一反三地灵活运用，保证教学质量，为打造实践型设计人才奠定扎实的技能基础。

本书是一本理论与实践结合的工具书，尽可能全面涵盖实用的实践操作技能，以工学结合为特色，使教与学充分互动，彻底改变了传统的教学观念与教学模式。本书不仅包括基本理论知识，而且包括相关实践知识。本书在每个项目中融入具体的基础知识和实训内容，让学生掌握必要的基本知识和技能，即让学生在做中学、在学中做，从而提高学生的设计和操作水平，旨在培养扎实的技能型设计人才，也为设计师的发展奠定良好的基础。

图书在版编目(CIP)数据

3ds Max＋V-Ray 三维建模与渲染教程/郑毅主编. —2 版. —武汉：华中科技大学出版社，2021.5（2022.8 重印）
ISBN 978-7-5680-6912-0

Ⅰ.①3… Ⅱ.①郑… Ⅲ.①三维动画软件-教材 Ⅳ.①TP391.41

中国版本图书馆 CIP 数据核字(2021)第 080736 号

3ds Max＋V-Ray 三维建模与渲染教程(第二版) 郑 毅 主编
3ds Max + V-Ray Sanwei Jianmo yu Xuanran Jiaocheng (Di-er Ban)

策划编辑：彭中军
责任编辑：史永霞
封面设计：优 优
责任监印：朱 玢
出版发行：华中科技大学出版社(中国·武汉) 电话：(027)81321913
武汉市东湖新技术开发区华工科技园 邮编：430223
录 排：武汉创易图文工作室
印 刷：湖北新华印务有限公司
开 本：880mm×1230mm 1/16
印 张：8.25
字 数：267 千字
版 次：2022 年 8 月第 2 版第 2 次印刷
定 价：59.00 元

目录
Contents

3ds
Max+V-Ray Sanwei Jianmo yu Xuanran Jiaocheng

第一章

3ds Max概述

■ **学习要点**

- 3ds Max 更新内容
- 安装 3ds Max
- 3ds Max 的界面元素简介

在使用 3ds Max 之前，首先要正确地安装该软件，而界面元素的介绍则可以帮助初次接触 3ds Max 的用户迅速了解 3ds Max。

第一节
关于 3ds Max 更新内容

3ds Max 软件提供了全新的创意工具集、增强型迭代工作流和加速图形核心。

3ds Max 拥有先进的渲染和仿真功能，更强大的绘图、纹理和建模工具集以及更流畅的多应用工作流。

具体的新功能如下。

(1) Autodesk 在 3ds Max 中加入了一种新的导入格式——. wire。这种格式比以前常用的模型文件带有更多的信息与可调性，对于导入模型后的调节和控制有很大的帮助。

(2) 3ds Max 里增加了全新的分解与编辑坐标功能，不仅增加了以前需要使用眼睛来矫正的分解比例，更增加了超强的分解固定功能，此功能不仅能让复杂模型的分解变得效率倍增，还能让更多畏惧分解的新手轻易地学会如何分解复杂模型。

(3) 3ds Max 为了让更多的人不担心渲染与灯光的设置问题，就加入了一个强有力的渲染引擎——V-Ray 渲染器。V-Ray 渲染器，不管是在使用简易度上还是在效果的真实度上都是前所未有的。

(4) 3ds Max 在尘封了动力学 Reactor 之后，终于加入了新的刚体动力学——MassFX。这套刚体动力学系统，可以配合多线程的 Nvidia 显示引擎来进行 Max 视图里的实时运算，并能得到更为真实的动力学效果。

(5) 3ds Max 在视图显示引擎技术上也表现出了极大的进步，Autodesk 针对多线程 GPU 技术，尝试性地加入了更富有艺术性的全新的视图显示引擎技术，能够在视图预览时将更多的数据量以更快的速度渲染出来。淡化图形内核，不仅能提供更多的显示效果，还可以提供渲染无限灯光、阴影、环境闭塞空间、风格化贴图、高精度透明等的环境显示。

(6) 3ds Max 增强了之前新加入的超级多边形优化工具，增强后的超级多边形优化功能可以提供更快的模型优化速度、更有效率的模型资源分配、更完美的模型优化结果。新的超级多边形优化功能还提供了法线与坐标功能，并可以让高精度模型的法线表现到低精度模型上去。

(7) 3ds Max 为 Mudbox、MotionBuilder、Softimage 之间的文件互通做了一个简单的通道，通过这个功能可以把 Max 的场景内容直接导入 Mudbox 中进行雕刻与绘画，然后即时地更新 Max 里的模型内容，也可以把 Max 的场景内容直接导入 MotionBuilder 中进行动画的制作，然后不需要考虑文件格式之类的要素，即时地更新 Max 里的场景内容，也可以把在 Softimage 里制作的 IGE 粒子系统直接导入 Max 场景里去。

(8) 3ds Max 对渲染效果也做了强化与改进，增加了不少渲染效果，而且这些风格化效果还可以在视图与渲染中表现一致。此功能主要是为了实现更多艺术表现手法与前期设计艺术风格的交流。

(9) 3ds Max 增加了一种程序贴图，它由数十种自然物质的贴图组成，在使用时可以根据不同的物质组成制作出逼真的材质效果。而且，此贴图还可以通过中间软件导入游戏引擎中使用。

(10) 3ds Max 提供了对矢量置换贴图的使用支持。一般的置换贴图在进行转换时，只能做到上下凹凸；矢量置换贴图可以对置换的模型方向做出控制，从而可以制作出更有趣、更生动的复杂模型。

第二节 3ds Max 的安装

3ds Max 的安装方法跟其他软件的类似，在此我们只对其中的关键步骤进行讲解。

(1) 打开安装程序。

(2) 安装程序打开以后，会出现起始安装界面，单击“安装 在此计算机上安装”，如图 1-1 所示。

图 1-1 单击“安装 在此计算机上安装”

(3) 进入安装界面之前，安装程序会弹出“安装许可服务协议”，单击“我接受”按钮，进入下一步。

(4) 填写注册码，单击“下一步”按钮，再更改安装目录，安装程序就会自动完成安装。安装完成之后屏幕将如图 1-2 所示。

图 1-2　安装完成

(5) 初次使用 3ds Max 时还需要对产品进行激活。有激活码的话，就单击“Activate”按钮；若不进行激活，单击“Try”按钮，则只能试用 30 天，如图 1-3 所示。

图 1-3　选择激活或试用

(6) 完成注册授权之后继续启动 3ds Max，如图 1-4 所示。初次打开可能有点慢，因为它在内部进行配置。

图 1-4　3ds Max 打开界面

第三节
3ds Max 的界面简介

启动 3ds Max，打开之后看到的界面如图 1-5 所示。

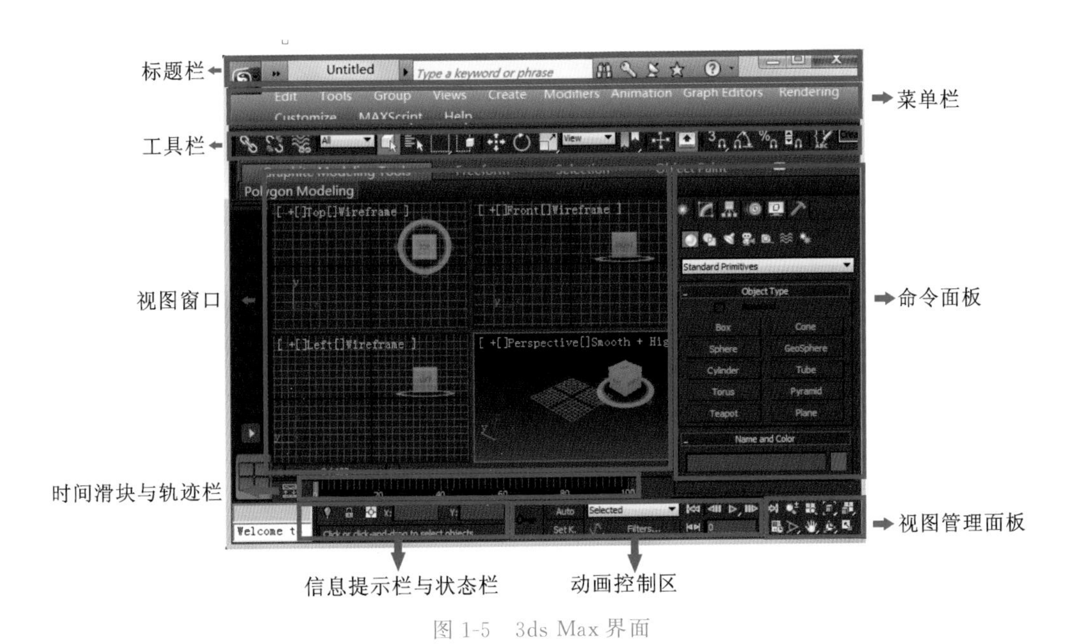

图 1-5　3ds Max 界面

在后面章节中，我们将着重介绍界面上有关环境艺术专业的各种界面元素及这些元素的功能。

· 菜单栏：包括储存、另存为、导入、导出等，以及 3ds Max 里所有的配置更改。

· 工具栏：包括 3ds Max 内常用的辅助功能，如移动、镜像等。

· 视图窗口：包括建模时顶（俯视图）、左（左视图）、主（正视图）、透视这四个视图。

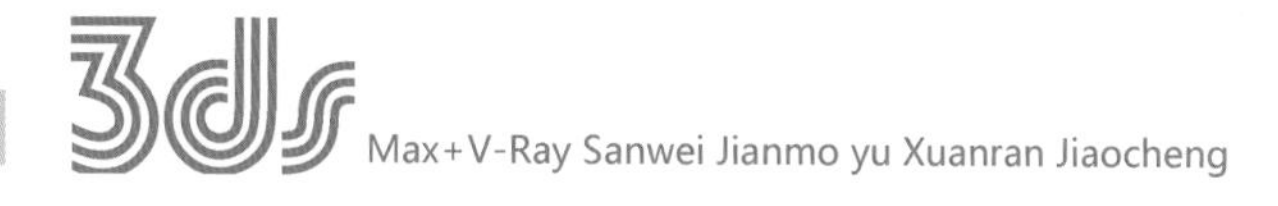

· 命令面板：包括创建、修改、层次等面板。

· 时间滑块与轨迹栏、动画控制区：这两个区域是控制 3ds Max 动画效果制作的。

· 视图管理面板：对视图窗口调节、图形放大缩小等进行操作。

· 信息提示栏与状态栏：显示物体的坐标、移动长度等。

第二章

3ds Max界面详解

■ **学习要点**

- 标题栏
- 菜单栏
- 工具栏
- 命令面板

由第一章的讲解可以知道，3ds Max 的界面大致分为标题栏、菜单栏、工具栏、视图窗口、命令面板、时间滑块与轨迹栏、视图管理面板、信息提示栏与状态栏。

这一章将详细介绍标题栏、菜单栏、工具栏和命令面板。

第一节 标题栏

标题栏中的菜单主要用于 3ds Max 场景文件的管理，包括新建、打开、保存、导入和导出文件、路径配置等命令。标题栏菜单如图 2-1 所示。

图 2-1　标题栏菜单

第二节
菜　单　栏

菜单栏包括编辑、工具、组(群)等 12 个菜单,如图 2-2 所示。

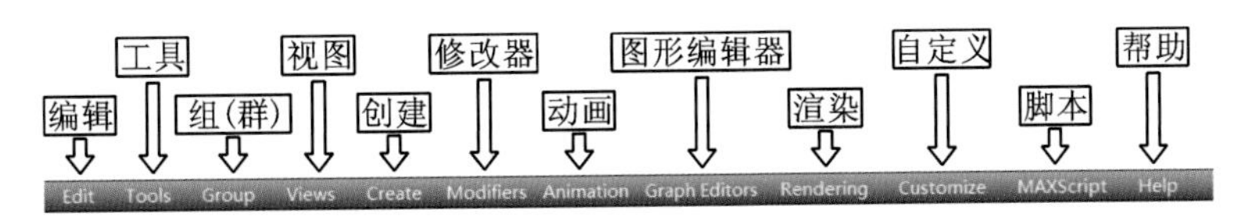

图 2-2　菜单栏

第三节
工　具　栏

工具栏如图 2-3 所示。

图 2-3　工具栏

3ds Max 启动后,只显示主工具栏。主工具栏包括选择物体、选择操作类型、选择锁定工具图标、坐标类工具图标、渲染类工具图标、连接关系工具和其他一些(比如帮助、对齐、列阵、复制等工具)图标。选中时以蓝底显示。

3ds Max(英文版)中的工具仅在工具栏中出现,若鼠标在工具按钮上长按片刻,则会出现隐藏图标。

在分辨率较小的桌面上,图标不能完全显示,按住鼠标不放来回拖动则可以把左右隐藏的图标移动出来。

1. 连接工具

按钮为选择并连接按钮,在选择对象后单击该按钮可以建立对象与对象之间的联系,即建立父子关系;  按钮为断开当前选择的连接按钮。

2. 绑定工具按钮

绑定到空间扭曲按钮,可以使物体产生空间扭曲效果,在编辑修改器堆栈中可取消其绑定。

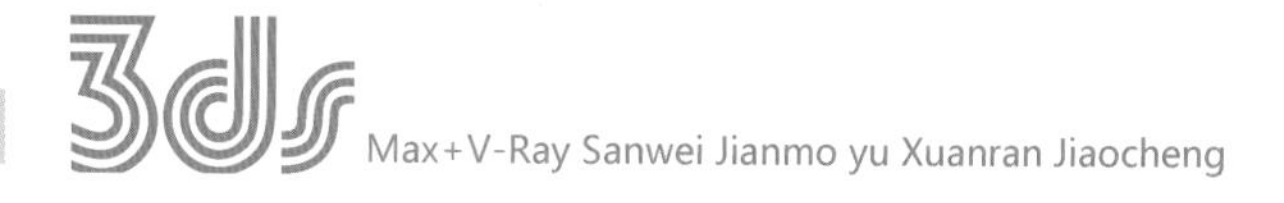

3. 选取工具按钮

:第一个按钮用于设置单击选择方式;第二个按钮可以通过名称来选择对象;第三个按钮用于设置矩形选区,它下面有一个小三角形,用鼠标长按该工具按钮,还可以选择圆形、围栏、套索和绘制等形式;第四个按钮用于设定选择方式,用鼠标长按该工具按钮可选择框选整个物体或框选部分物体。

4. 变形工具按钮

:第一个按钮用于选择并移动物体;第二个按钮用于选择并旋转物体,可以输入数值来旋转,也可以按住鼠标进行拖动;第三个按钮是选择并缩放物体,该按钮有 3 个选项,第一个是选择并均匀缩放,第二个是选择并非均匀缩放,第三个是选择并挤压。

5. 更改重心工具

为更改重心工具。

6. 自动抓取点工具

自动抓取点工具,初始的时候数字是 3,长按会在下拉菜单中出现 2.5 和 2。

7. 工具按钮

按钮用于对当前选择的物体进行镜像操作,按钮用于对齐对象。

:第一个按钮用于打开曲线编辑器;第二个按钮用于打开图解视器(又称层次视图),以显示关联物的父子关系;第三个按钮用于打开材质器,快捷键为 M;第四个按钮用于打开材质编辑器。

:第一个按钮是渲染场景对话框按钮,单击后可弹出一个"渲染场景"窗口,在这个窗口中可以设置渲染图的尺寸、渲染图的清晰度和图质,快捷键为 F10;第二个按钮是 3ds Max 快速渲染器,单击它就可以显示制作物体当时的渲染效果;第三个按钮是第二个按钮的附属按钮。

第四节 命令面板

在 3ds Max 中,命令面板的主要组成部分依次是创建、修改、层次、运动、显示和工具,这 6 个命令在不同的命令面板中来回切换。命令面板区域如图 2-4 所示。

3ds Max 是面向对象操作的软件,制作一个对象时,如一个长方体,首先要用鼠标选择制作长方体的工具去创建一个长方体,然后选择修改工具来编辑、修改对象的形状,并且可以通过已经建立的参数去编辑该对象。这些功能既可以通过工具栏中的工具图标来实现,也可以运用命令面板来实现。

图 2-4 命令面板区域

1. 创建面板

“创建”标签在命令面板最左侧，如图 2-5 所示。创建面板用于在视图中创建工作物体对象，如三维模型、二维线、摄影机、灯光。

2. 修改面板

修改面板用于存取和改变选定对象的参数，并且可以给对象应用不同的编辑修改器，如图 2-6 所示。它通常和创建面板结合起来使用。修改面板和创建面板是 3ds Max 中常用的两个命令面板。

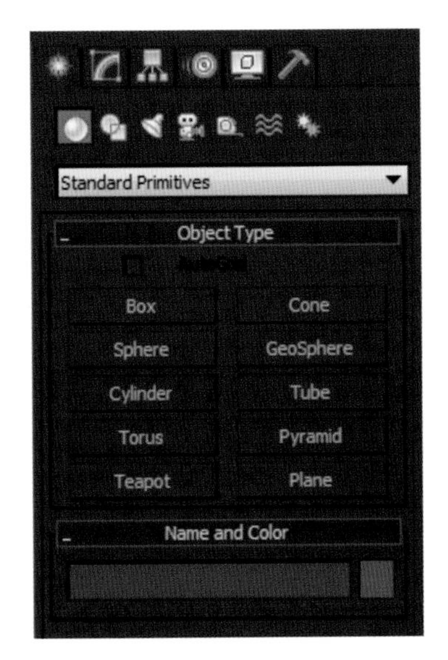

图 2-5 创建面板

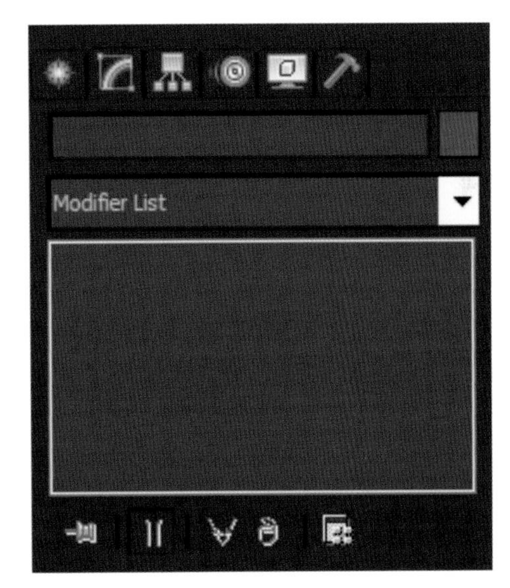

图 2-6 修改面板

3ds Max+V-Ray Sanwei Jianmo yu Xuanran Jiaocheng

第三章

3ds Max对象的创建及修改

学习要点

- 创建标准三维模型
- 创建扩展几何模型
- 创建二维模型
- 修改二维模型

本章主要讲解 3ds Max 创建物体和修改物体的方法，包括三维模型和二维模型。创建基本模型虽然简单，但它是完成优秀的环境艺术设计的基础。掌握创建基本模型的方法，能为以后的学习打下坚实的基础。

第一节 标准三维模型的创建

在学习如何创建标准三维模型之前，首先要修改 3ds Max 的单位，这一点很重要。如图 3-1 所示，单击"Customize"(自定义)→"Units Setup"(单位设置)，在弹出的对话框中将单位和网格都设置成毫米，如图 3-2 所示。

图 3-1　自定义

图 3-2　单位设置

设置好单位之后就可以建模了。"建模"，顾名思义，就是构建模型。可以使用不同的方法和途径来创建模型，这些方法依赖于建模的对象。在 3ds Max 中固有的两种方法为样条线建模和高级多边形建模。

单击创建面板中的"几何体"按钮，并在下拉列表中选择"Standard Primitives"(标准基本体)选项，之后单击相应命令按钮即可直接生成相应的 10 种不同三维模型，其中有长方体、球体、圆柱体等，如图 3-3 所示。

如果查看这些模型对象的每个参数卷展栏，则会看到大小(半径、长度、宽度或高度)、线段的数量等参数，这些参数使得用户能够完成对对象的修改工作。例如，球体对象可以分成部分球体或半球体。

一、创建长方体

在创建面板中，单击“Box”按钮，这时在创建面板的下方将出现长方体的参数卷展栏，如图 3-4 所示。

图 3-3　创建标准基本体面板

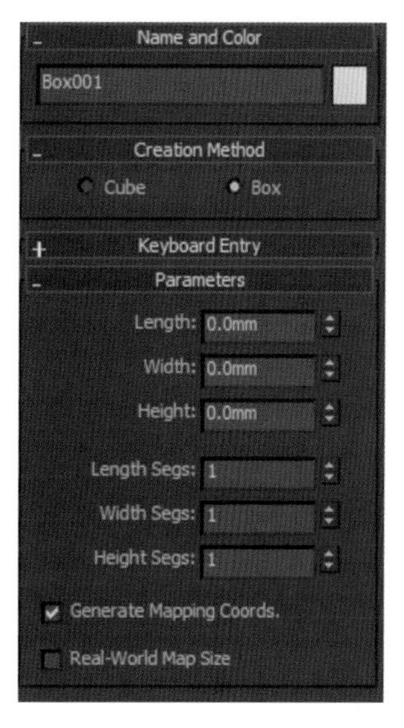

图 3-4　长方体参数卷展栏

可以在创建长方体模型前，根据需要对其参数进行设定，也可以在默认状态下先创建长方体，然后在修改面板中对它进行调整。

1. 创建长方体

在创建面板中单击“Box”按钮，以默认参数建立一个长方体造型。

将鼠标移至视图区，在其中任一视图中单击鼠标左键并沿对角线方向拖动鼠标，绘制一个矩形。

松开鼠标左键，向上挤出长方体的厚度，再次单击鼠标左键完成长方体的创建，如图 3-5 所示。

2. 调整长方体参数

用鼠标单击修改面板，在参数卷展栏下方对长方体的参数进行设定，如图 3-6 所示。其中，参数卷展栏区域的参数包括长度、宽度、高度、长度分段、宽度分段和高度分段。

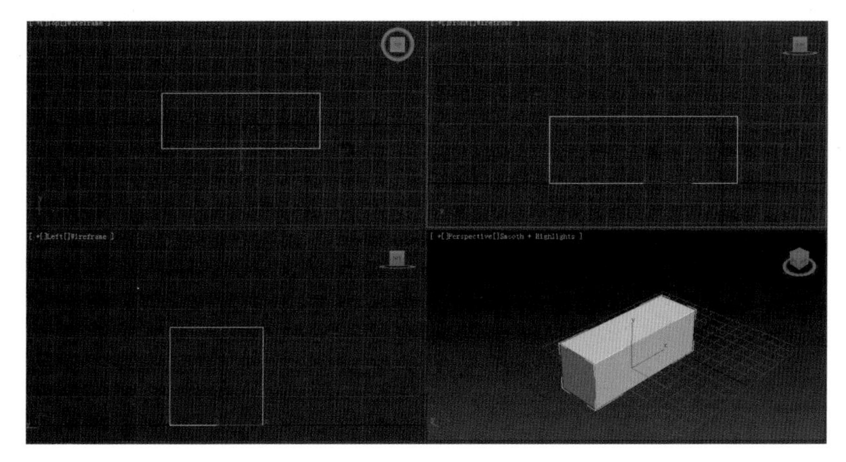
图 3-5　完成的长方体

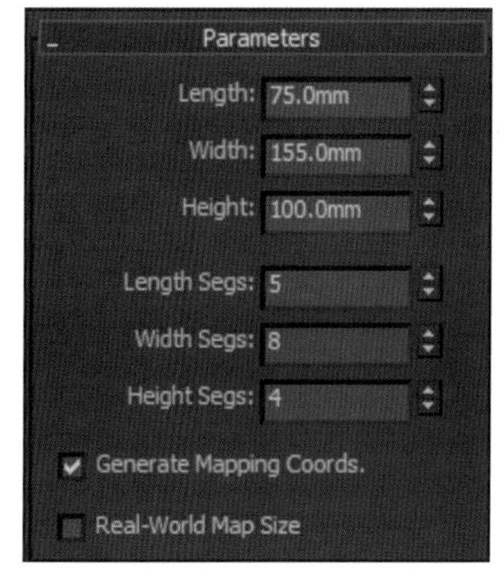

图 3-6　设定长方体参数

在参数卷展栏下设置长、宽、高的值时，视图中的长方体对象的形状将会随之变化。

增加 Box 的细分段数：设定长度分段为 5，宽度分段为 8，高度分段为 4，视图中的长方体外形如图 3-7 所示。

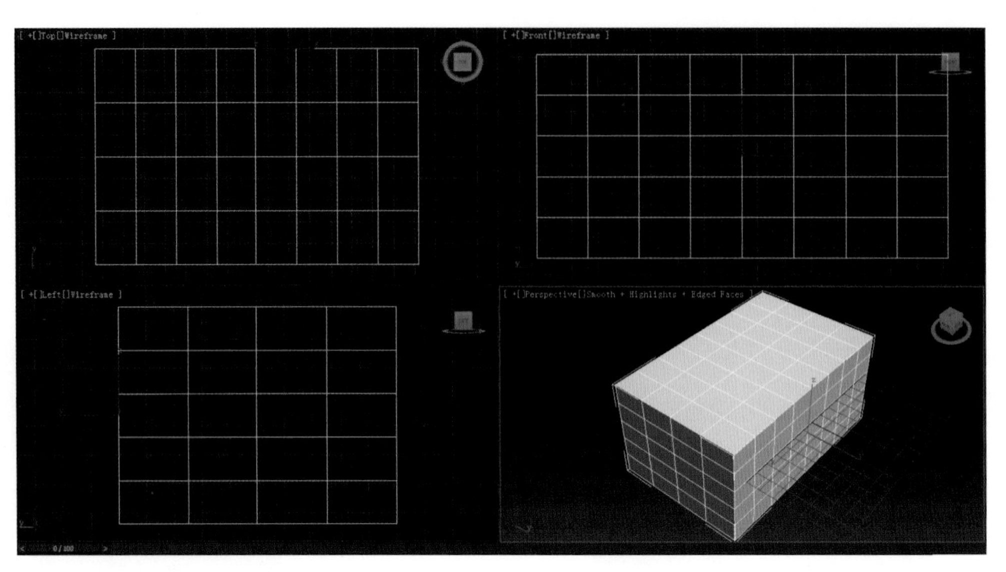

图 3-7　增加细分段数后的长方体对象

提示：调整长方体的长、宽、高的段数虽然不会改变长方体的形状，但是可以方便将来可能进行的修改操作。段数越多，今后对长方体的修改就越平滑，当然所占用的计算机系统资源就越多。

二、创建球体

在 3ds Max 中可以创建两种球体，一种是以四边形为面构成的球体，另一种是以三角形为面构成的球体，分别如图 3-8 和图 3-9 所示，从中可以看出两者的区别。

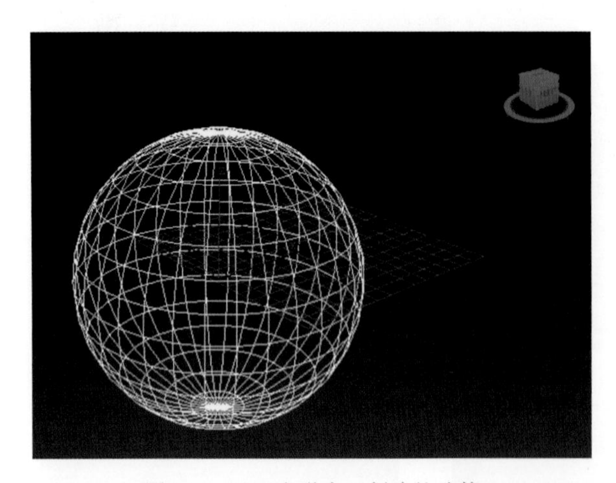

图 3-8　以四边形为面创建的球体

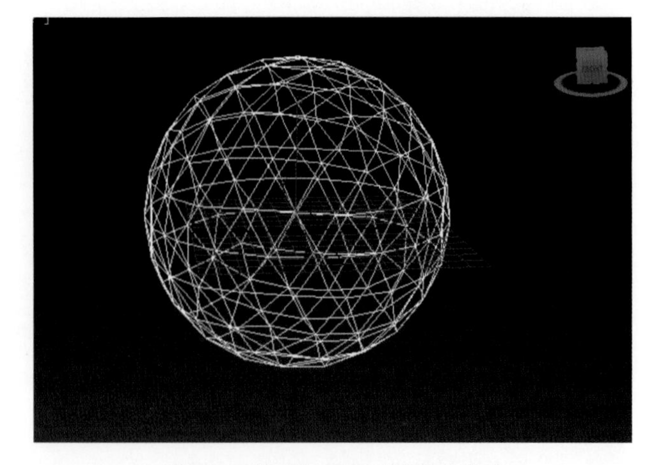

图 3-9　以三角形为面创建的球体

在创建面板中，单击“GeoSphere”(几何球体)按钮，在参数卷展栏中设置几何球体的半径为 50.0 mm，分段为 30,如图 3-10 所示。

在视图中的"Top"视图内建立已设定好参数的几何球体。球体的"分段"值越高,球体表面越平滑。

在修改面板中的参数卷展栏中,选中"半球"复选框,球体模型如图 3-11 所示。

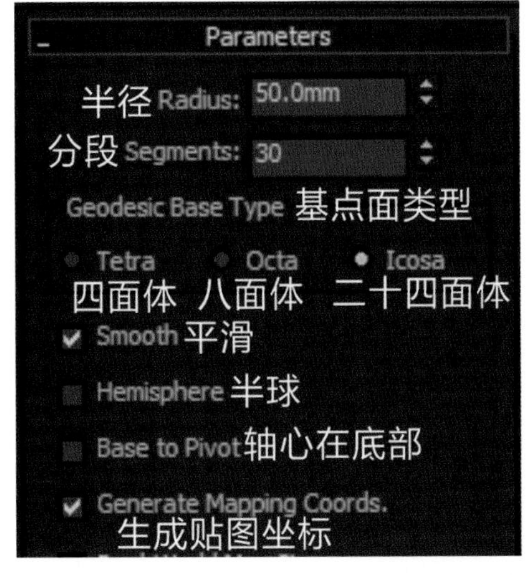

图 3-10　设定几何球体的参数

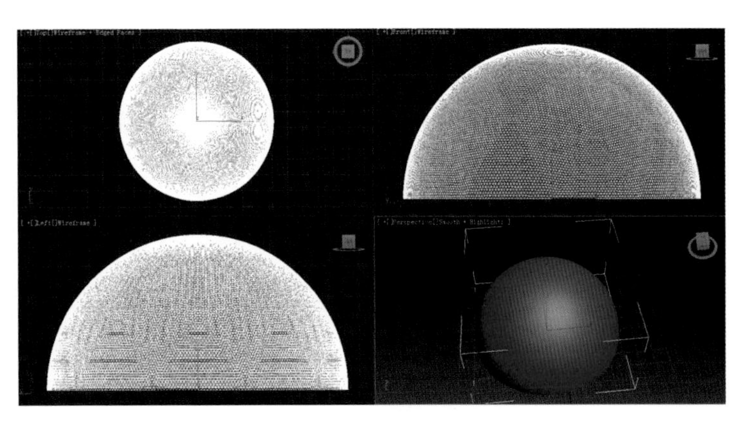

图 3-11　半球

在创建面板中,单击"Sphere"(球体)按钮,在"Top"视图中创建一个球体,然后在参数卷展栏中勾选"切片启用"选项,然后设定"切片从"为 0,"切片到"为 90,球体模型如图 3-12 所示。

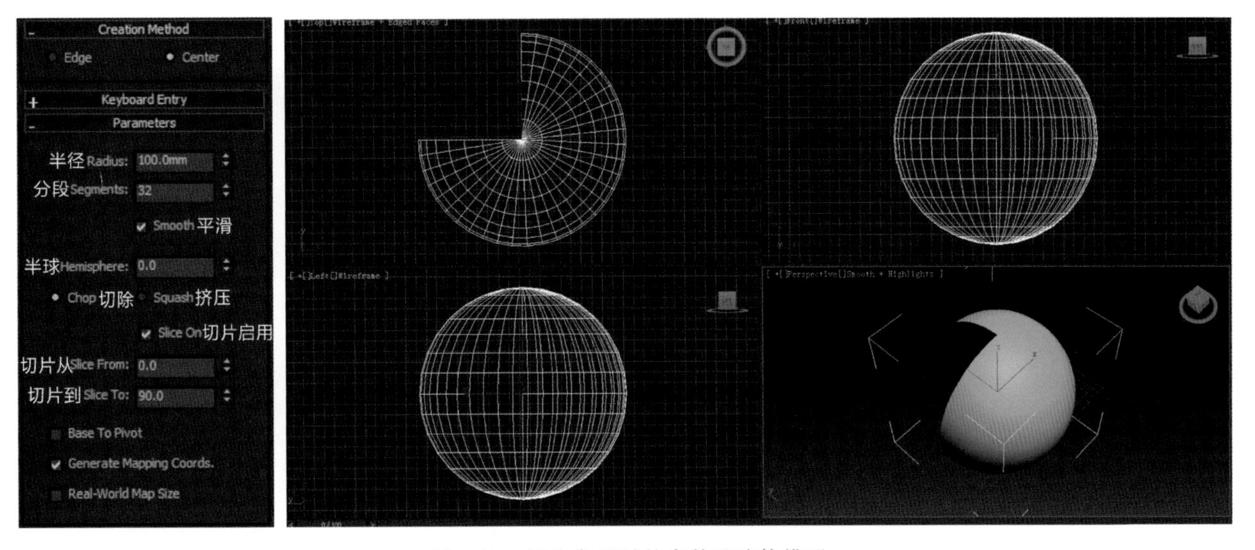

图 3-12　切片启用时的参数及球体模型

通过对以上参数的调整可以创建出效果不同的球体模型,以满足日后模型的不同构建所需。

三、创建圆锥体

在创建面板中,单击"Cone"按钮,建立一个参数如图 3-13 所示的圆锥体。

在修改面板的参数卷展栏中调整锥体的参数,可得到不同效果的模型。例如设置"Sides"(边数)为 3 时,锥体模型如图 3-14 所示。

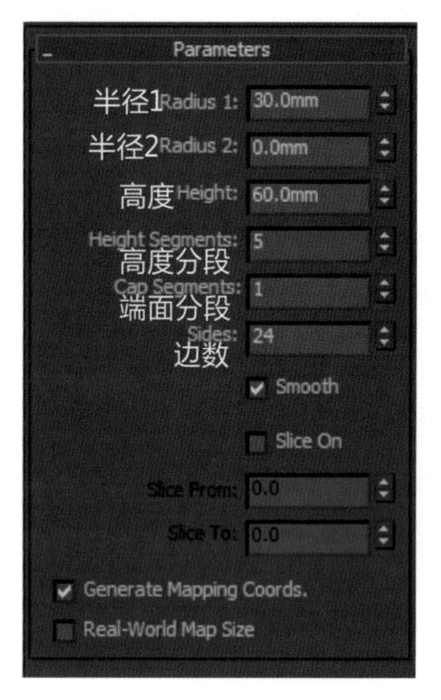

图 3-13　圆锥体参数

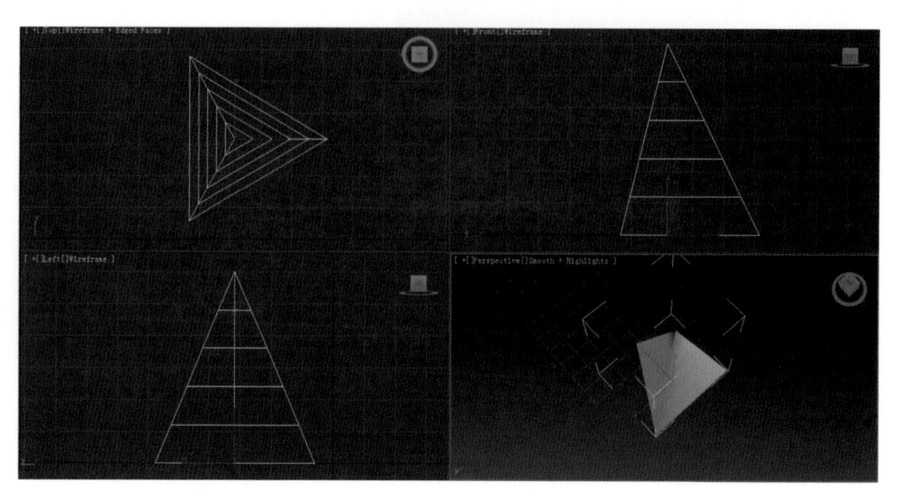

图 3-14　边数为 3 时的锥体

设置边数的值为 30，然后勾选“切片启用”选项，设定“切片从”为－50，“切片到”为 50，得到图 3-15 所示的锥体模型。

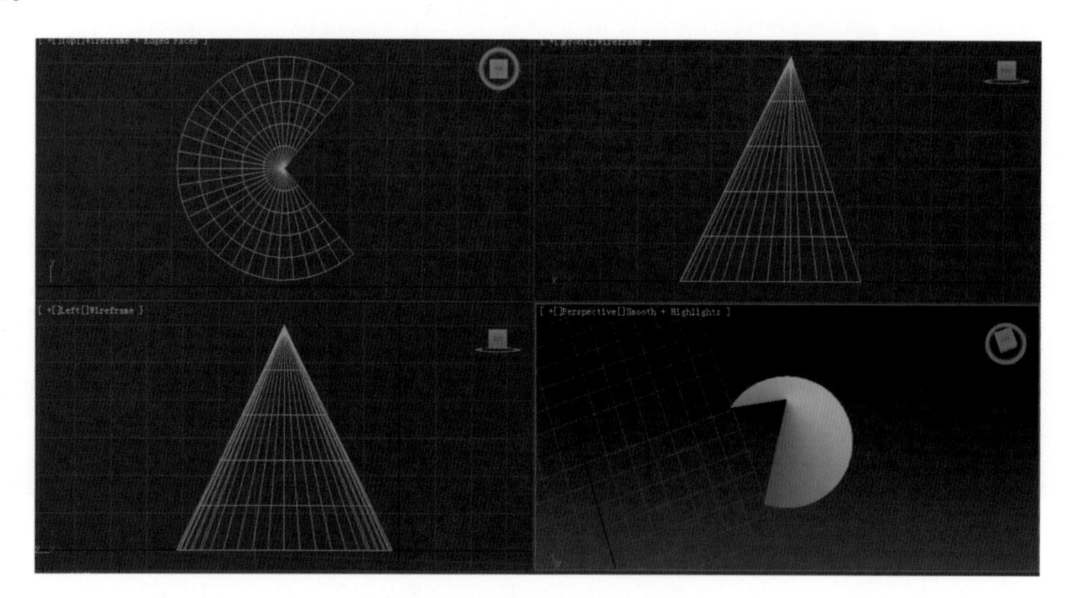

图 3-15　切片启用的锥体模型

四、创建圆环

在创建面板中，单击“Torus”按钮，以默认参数建立一个圆环。

在顶视图中单击并拖动鼠标，确定圆环一侧的大小，松开鼠标左键。拖动鼠标拉出圆环，单击鼠标左键结束圆环的创建，如图 3-16 所示。

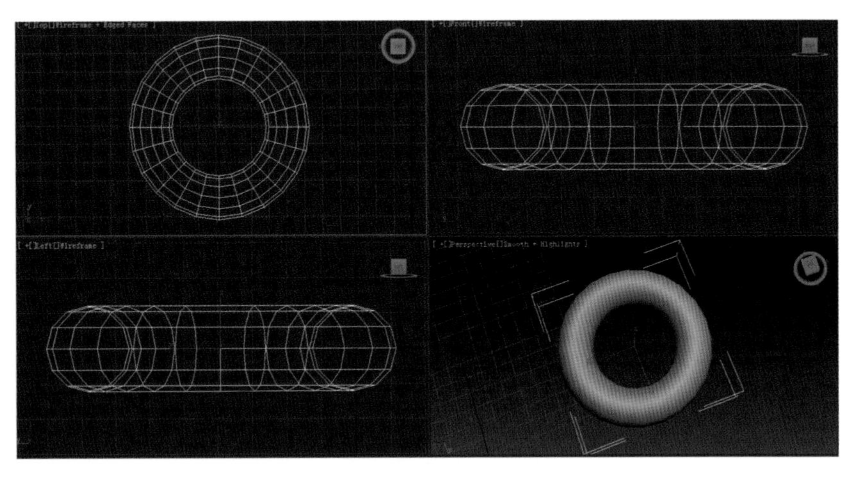

图 3-16 在默认状态下建立的圆环

单击修改面板，在参数卷展栏中，设定“边数”和“分段”的值都为 4，所构建的圆环模型如图 3-17 所示。

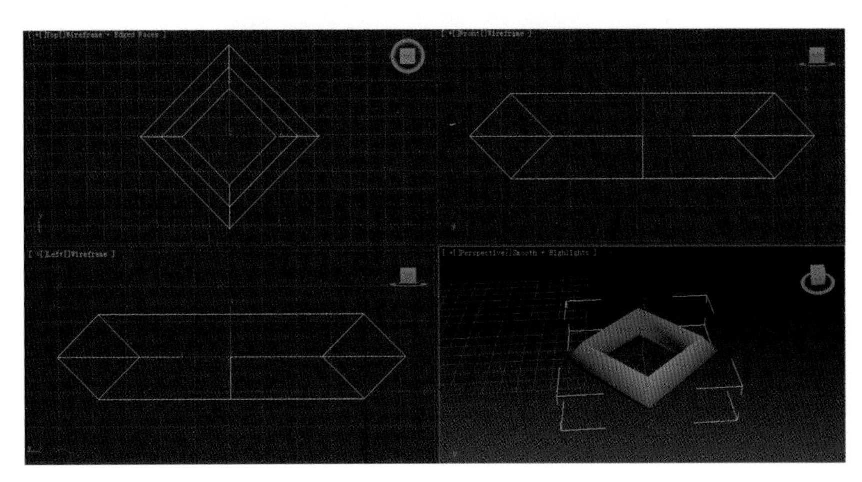

图 3-17 圆环模型（设定“边数”和“分段”的值都为 4）

重新设定“边数”和“分段”的值都为 30，然后勾选“切片启用”选项，并设定参数“切片从”为 0，“切片到”为 90，创建图 3-18 所示的圆环模型。

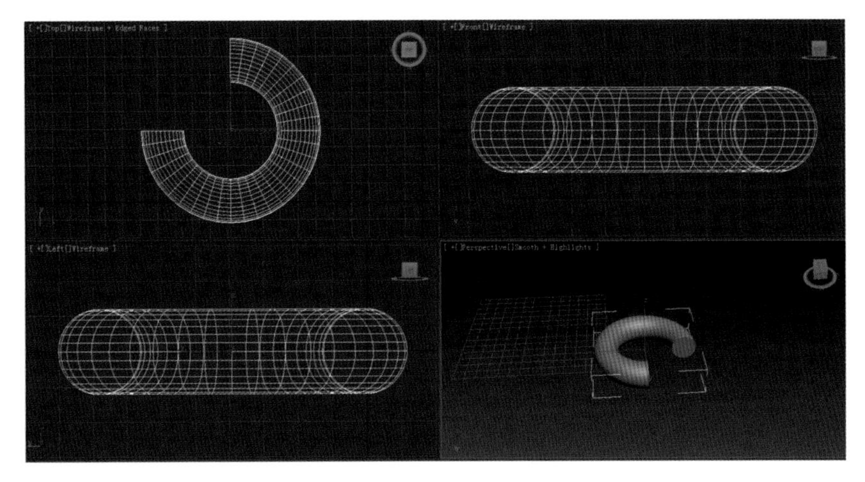

图 3-18 设定限幅后的圆环模型

第二节 扩展几何模型的创建

在 3ds Max 中除了 10 种标准几何模型之外,还有 13 种扩展几何模型。扩展几何模型与标准几何模型的创建方式一样,只是参数相对复杂。运用这些工具可以使建模工作更加快捷方便。

在创建面板的"几何体"面板的下拉列表中选择"Extended Primitives"(扩展基本体),这时"几何体"面板上会出现图 3-19 所示的面板。

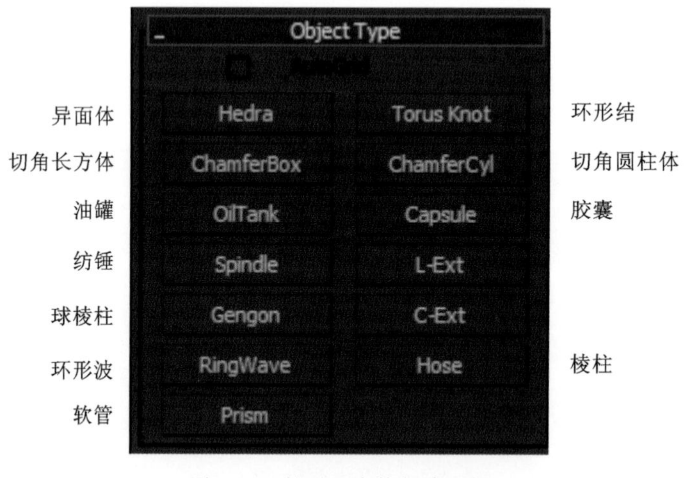

图 3-19 扩展基本体创建面板

一、创建切角长方体

切角长方体在建模中非常有用,有了切角扩展几何模型,我们可以更方便地完成一些需要切角的造型,如沙发、椅垫等。下面我们简单介绍一下切角长方体的创建和参数设置。

在创建面板中,单击"ChamferBox"按钮,进入切角长方体的创建模式。

在视图中拖动鼠标建立切角长方体,然后在参数卷展栏中对其进行如图 3-20 所示的调整,视图中的切角长方体将会发生相应的变化。

切角长方体的参数和长方体的参数很接近,但新增了两个参数:"圆角"和"圆角分段"。这两个参数用来控制长方体的圆角大小。"圆角"的值越大,圆角的部分就越大;"圆角分段"的值越大,则圆角越平滑。

二、创建切角圆柱体

在创建面板中,单击"ChamferCyl"(切角圆柱体)按钮,控制面板上将出现图 3-21 所示的参数卷展栏。

在视图中拖动鼠标就可以创建切角圆柱体,然后可在参数卷展栏中调节切角圆柱体的参数。

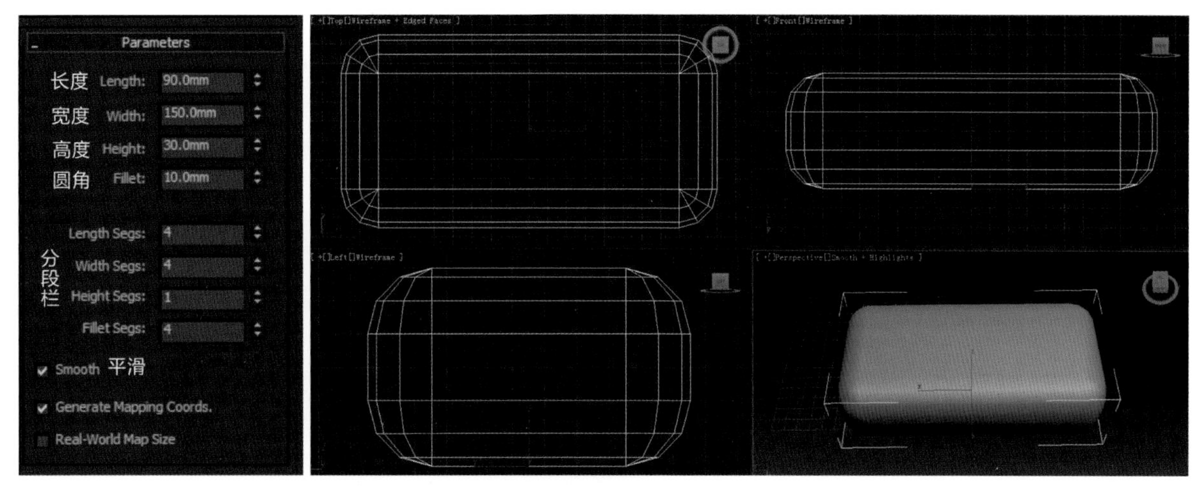

图 3-20　切角长方体参数卷展栏及效果图

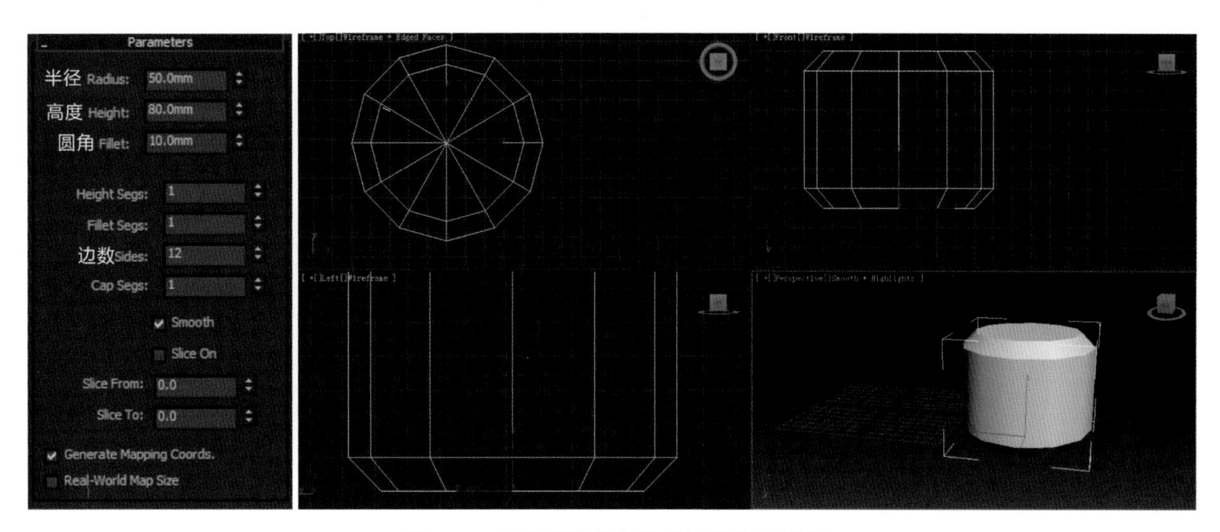

图 3-21　切角圆柱体参数卷展栏及效果图

三、创建正多面体

要创建正多面体，使用标准几何体很难完成，而使用扩展基本体的“异面体”模型却可以轻而易举地创建完成。

打开创建面板，单击“几何体”子面板，在下拉列表中选择“Extended Primitives”(扩展基本体)选项，单击“Hedra”(异面体)按钮，如图 3-22 所示。

然后在任一视图中拖放鼠标，创建一个简单的多面体对象，如图 3-23 所示。

选择多面体对象，进入修改面板，在参数卷展栏中设置对象参数，将多面体修改成正四面体。在参数卷展栏中设定“四面体”选项，然后在“系列参数”区域中设置 P 为 1.0，设置半径为 50.0 mm，如图 3-24 所示。

此时正四面体的形状如图 3-25 所示。

选择正四面体对象，然后在参数卷展栏中勾选“立方体/八面体”选项，设置“系列参数”区域的 P 值为 1.0，此时对象为八面体，如图 3-26 所示。

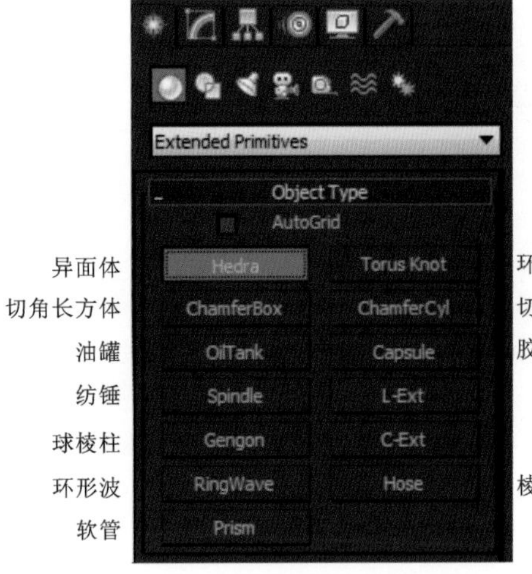

图 3-22　单击“Hedra”按钮

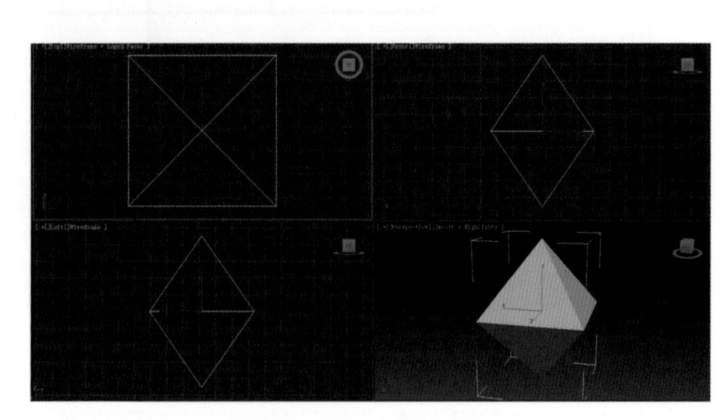

图 3-23　创建一个多面体

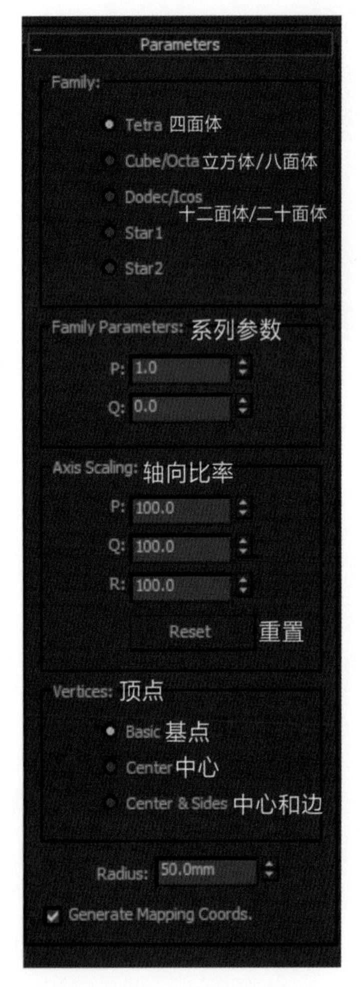

图 3-24　设置多面体参数

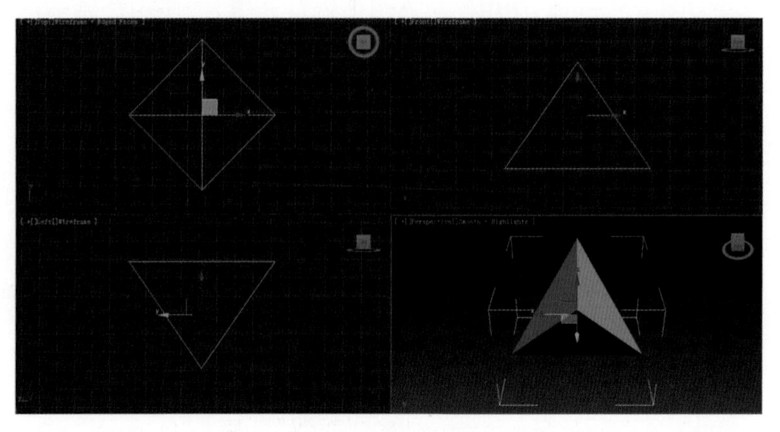

图 3-25　正四面体模型

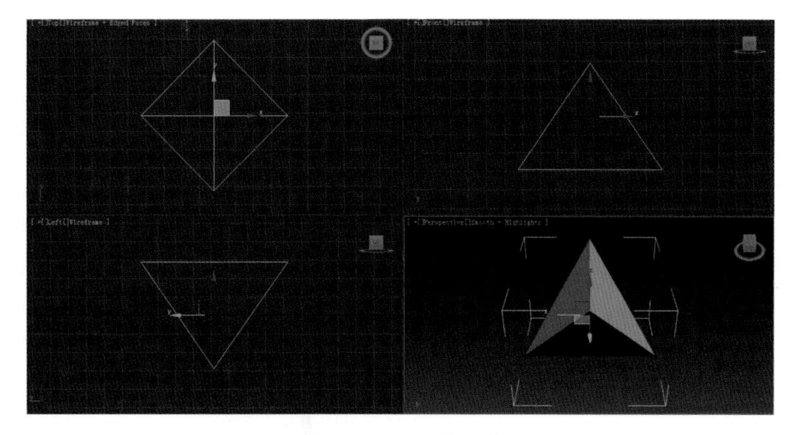

图 3-26　八面体对象

选择八面体对象，设置“系列参数”区域的 Q 值为 1.0，此时八面体变成正方体（正六面体）形状，如图 3-27 所示。

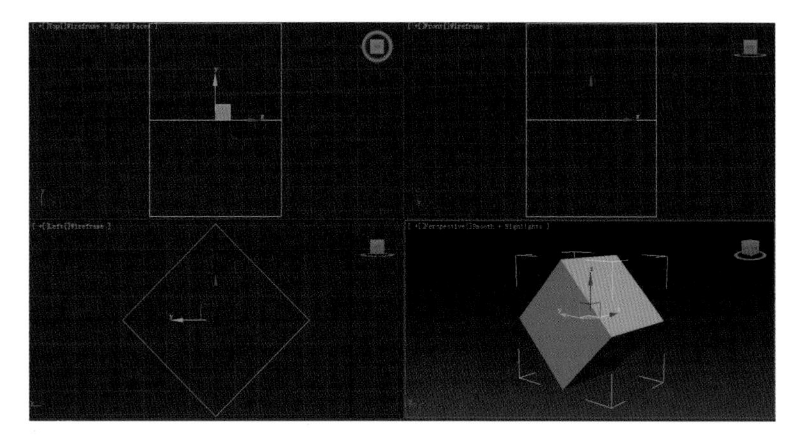

图 3-27　正六面体对象

选择正六面体对象，在参数卷展栏中选定“十二面体/二十面体”选项，设置“系列参数”区域的 P 值为 1.0，此时正六面体变成正十二面体，如图 3-28 所示。

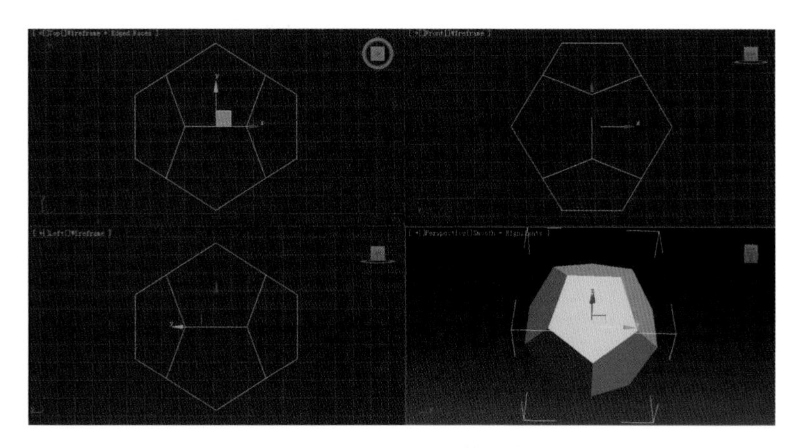

图 3-28　正十二面体对象

选择正十二面体对象，设置“系列参数”区域的 Q 值为 1.0，此时正十二面体变成正二十面体，如图 3-29 所示。

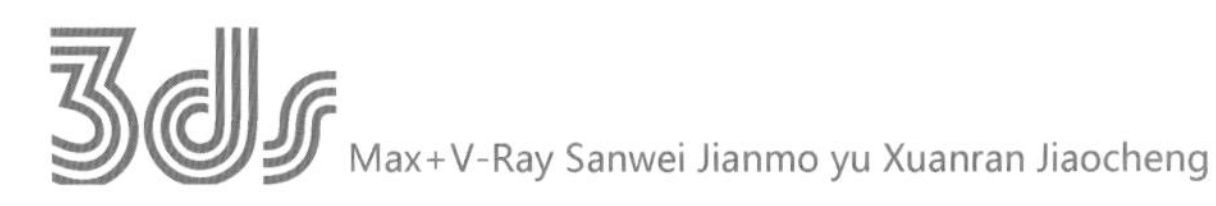

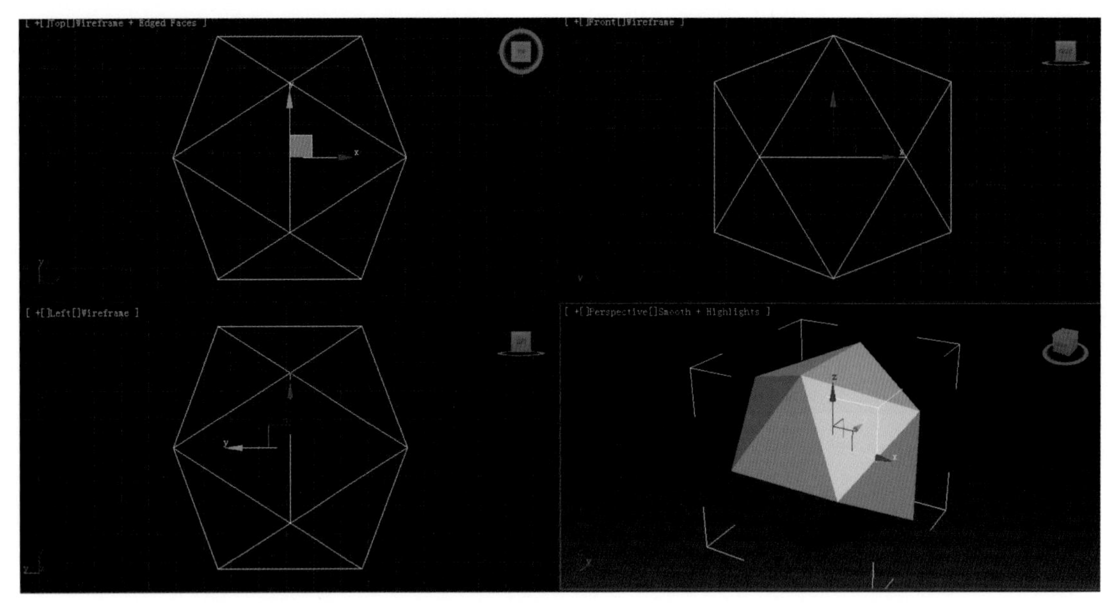

图 3-29　正二十面体对象

第三节 二维模型的创建

3ds Max 除了提供三维物体的创建命令之外，还提供了一些基本的二维模型的创建命令。二维模型对象在 3ds Max 中有着特殊的用途，二维模型可以转换成三维模型。由二维模型向三维模型转换的方式有多种。

■使用放样操作，需要提供一条路径和一个或者多个平面图形。

■用修改面板中的命令转换时，只需提供一个平面图形，然后用修改面板中的命令将它拉伸或车削即可。

■提供一个闭合的平面图形，使用修改面板中的挤压命令可以将闭合平面图形挤压成体。

一、创建曲线

利用样条线工具能够从起点到终点定义一系列曲线造型。单击创建面板中的"图形"按钮，然后在"对象类型"卷展栏中单击"Line"(线)按钮就可以创建曲线了，如图 3-30 所示。

1. 创建开放曲线

(1) 在创建面板中的"图形"子面板中单击"Line"按钮。

(2) 在任一视图中单击鼠标左键，然后移动鼠标指针，再次单击鼠标创建一个顶点(此处"顶点"与通常所说的"顶点"有别，它对应于英文"vertex"，以前通常称为节点)，继续创建多个点。

(3) 创建结束后单击右键就可以得到一条曲线，如图 3-31 所示。

提示：如果只想画直线，可以在创建面板的"创建方法"卷展栏中设置"初始类型"和"拖动类型"。

图 3-30　图形创建命令面板

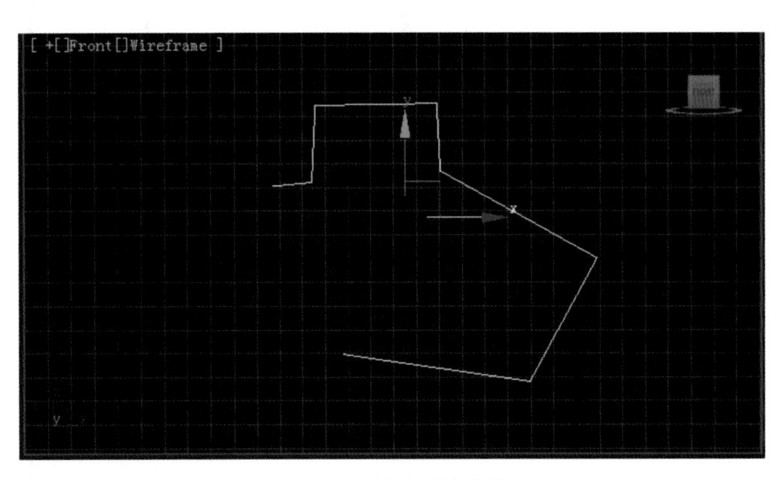

图 3-31　创建开放曲线

2. 创建封闭曲线

和创建开放曲线一样，创建线段之后不要单击右键结束，而是移动鼠标指针到起始点位置，然后单击鼠标左键，弹出图 3-32 所示的对话框，在该对话框中单击“是”按钮确认，即可得到一条封闭的曲线。

3. 改变曲线的创建方法

在上面练习中，灵活地拖动鼠标可以创建不同的线段，但是这种方法只能得到折线，而无法得到平滑的曲线。设置“创建方法”卷展栏中的选项可以创建平滑曲线。“创建方法”卷展栏如图 3-33 所示。

图 3-32　“Spline”(样条线)对话框

图 3-33　“创建方法”卷展栏

选择“创建方法”卷展栏中“初始类型”选项组中的“平滑”选项，并选择“拖动类型”选项组中的“角点”选项，即可在视图中创建平滑曲线。

4. 修改曲线

虽然使用“线”工具可以创建各种曲线，但是通常并不能保证第一次就得到想要的曲线，这就需要在修改面板中修改曲线的形状。在学习修改曲线之前，我们先要了解一些二维模型的基本术语。

顶点：任意一条曲线都是由顶点组成的，它是曲线的次级对象。通过设置拖动类型即可定义顶点是角点、平滑或 Bezier(贝塞尔)，顶点的类型定义了曲线的形状。

控制柄:在一个顶点被定义成 Bezier 类型之后,可以通过调整顶点两端的绿色手柄来定义曲线的形状。

相邻的两个顶点之间的曲线称为线段,线段也是二维模型的次级对象。

选择刚刚创建的曲线,然后进入修改面板,打开“选择”卷展栏,在卷展栏上方有 3 个按钮,如图 3-34 所示。它们分别代表了曲线的 3 种次级模式:顶点、分段和样条线。单击相应的图标就可以进入相应的次级对象模式。

选中刚创建的曲线,然后在“选择”卷展栏中单击“顶点”按钮。

在视图中选择主工具栏上的“选择并移动”工具按钮,这样就可以移动曲线中的顶点。如果不选择“顶点”选项,则只能移动曲线。

选择一个顶点,然后单击右键,在弹出的菜单中选择“Bezier”,将顶点类型转换成 Bezier 角点,此时选项中的顶点周围会出现两个绿色的小方框,移动绿色小方框即可调整曲线的形状,如图 3-35 所示。

图 3-34 “选择”卷展栏

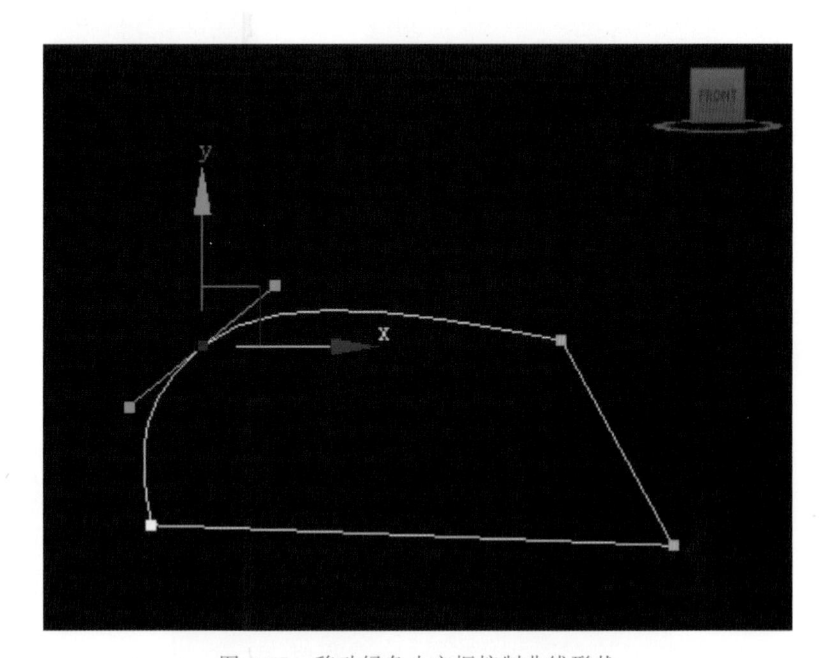

图 3-35 移动绿色小方框控制曲线形状

还可以使用同样的方法将其他的顶点转换为其他类型,然后调节曲线的形状。创建不同形状的曲线是 3ds Max 的基本操作,在以后的制作过程中还会经常用到。

二、创建圆、椭圆、弧和圆环

圆的创建十分简单,只需要在视图中按下鼠标左键并拖动鼠标,就可以画出一个圆。圆只有半径这一个基本参数。

椭圆有两个基本参数:长轴和短轴。

弧的创建比圆和椭圆的创建要复杂一些,它需要 3 个顶点才能确定。在圆弧的“创建方法”卷展栏中有两种创建方法:端点-端点-中央和中间-端点-端点。

圆环有两个参数:内径和外径。先在视图中拖动鼠标拉出一个圆,然后向内或向外移动鼠标指针确定另一个圆,就可以创建圆环了。

三、创建螺旋线

螺旋线与生活中的弹簧很相似，如果螺旋线为放样路径，以圆做放样界面就可以很容易地制作出一个弹簧。

在“图形”子面板中单击“Helix”按钮，在顶视图中单击鼠标左键，然后按住鼠标左键，同时移动鼠标指针到适当的位置，松开鼠标，确定螺旋线底面的半径。上下移动鼠标指针，在适当的高度单击鼠标左键确定螺旋线的高度，然后移动鼠标指针确定螺旋线顶圆的半径，这样就创建好了一个螺旋线，如图 3-36 所示。

通过修改螺旋线的参数可以得到更复杂的螺旋线。选中刚创建的螺旋线并进入修改面板，在参数卷展栏中设置螺旋线的参数，如图 3-37 所示。

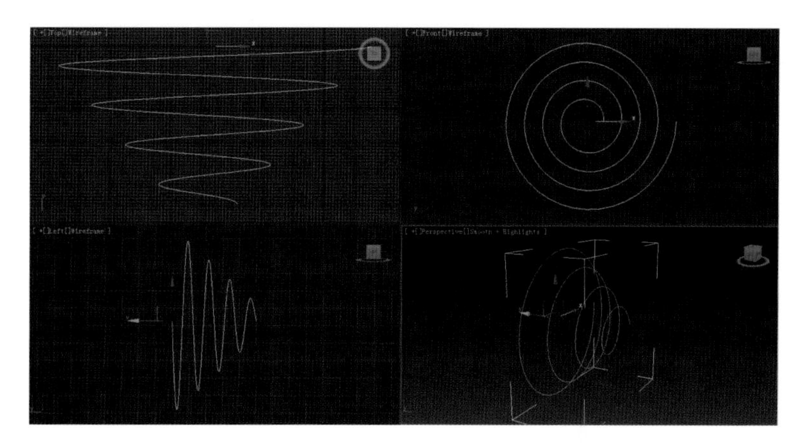

图 3-36 创建螺旋线

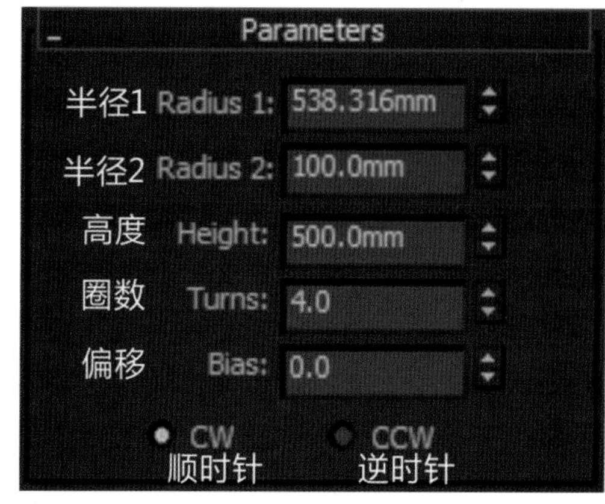

图 3-37 螺旋线的参数卷展栏

在参数卷展栏中，“半径 1”和“半径 2”的值分别代表螺旋线的上、下底面的半径。

“高度”的值则确定了螺旋线的高度。

“圈数”的值可确定螺旋线旋转的圈数，取值范围为 0～100。

“偏移”的值可以改变螺旋线的疏密程度，取值范围是－1～1。“偏移”的值为 0 时，螺旋线均匀地旋转；“偏移”的值为 1 时，螺旋线的顶部比较密；“偏移”的值为－1 时，螺旋线的底部密度较大。

“顺时针”和“逆时针”选项可决定螺旋线旋转的方向。

四、创建文本

在许多三维广告、宣传画中，都使用了大量文本。文本可以通过拉伸、圆角、切角等修改器制作成 3D 文本。

(1) 在图形面板中单击“文本”按钮，打开参数卷展栏，如图 3-38 所示。

(2) 在参数卷展栏的“文本”框中输入文本，然后在字体下拉列表中选择合适的字体。

(3) 在视图中单击鼠标左键，即会出现文本。

(4) 在参数卷展栏的“大小”区域中可以改变视图中文本的大小，如图 3-39 所示。

这样创建的文本是二维的，因此在渲染的时候不会出现文本渲染效果。要使文本能够渲染，可以设置文本渲染属性。

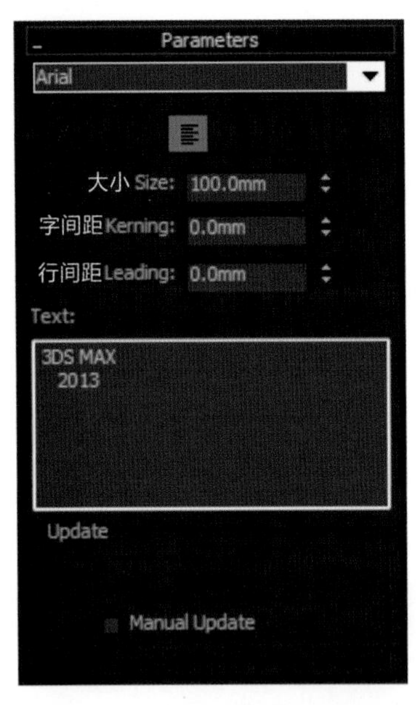

图 3-38　文本参数卷展栏

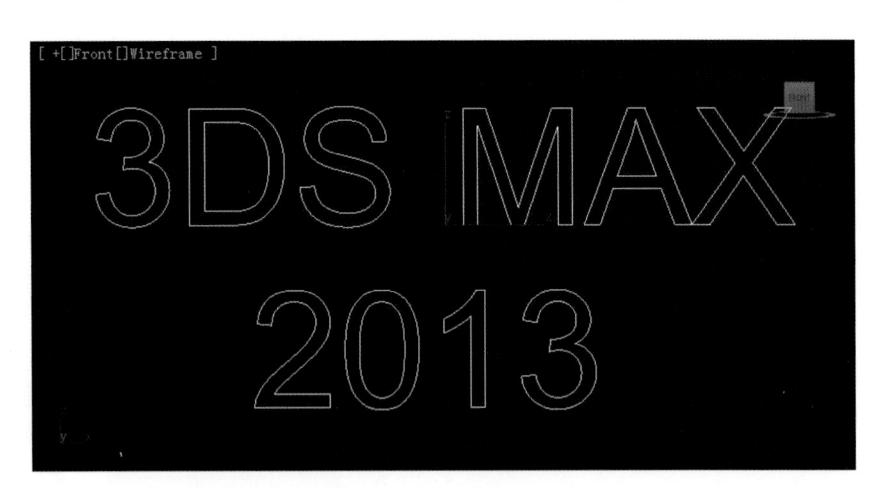

图 3-39　改变文本的大小

第四节
二维模型的修改

创建过程只是进行形体操作的一小部分，若想继续深入修改二维模型的话，就必须使用“编辑样条线”修改器来调整顶点、线段及改变曲线的曲率。当使用“编辑样条线”修改器修改一个形体时，顶点的值会直接影响到两侧线段的曲率。通过对简单形体(如矩形)的操作，我们可以清楚地看到曲线的编辑效果。

一、曲线的编辑

当使用“Edit Spline”(编辑样条线)修改器调整二维形体时，对“顶点”的控制发挥着重大的作用，因为顶点的变化将直接影响到整条线段的外观和弯曲程度。

在顶视图中创建一个矩形对象，激活顶视图，按下“Alt ＋W”键最大化视图，再次按下“Alt ＋W”键恢复显示。

选择矩形对象，在修改面板中的“修改器列表”中选择“编辑样条线”修改器，然后在“选择”卷展栏中单击“顶点”按钮，此时在矩形的 4 个顶点上出现方点标记，其中有一个方点为白色，表明此节点为此模型的起始点，如图 3-40 所示。

选取矩形左上角的顶点，此时顶点两旁出现两个绿色的小方框和两根连接这两个小方框的控制柄，同时可以看到在顶点的位置出现的红色标记，在红色标记与绿色方框之间的矩形侧边部分会变成黄色，如图 3-41 所示。

调整视图中的绿色小方框可以调整顶点的位置，而每个顶点在同样的形体中可用 4 种不同的方式表现出来。

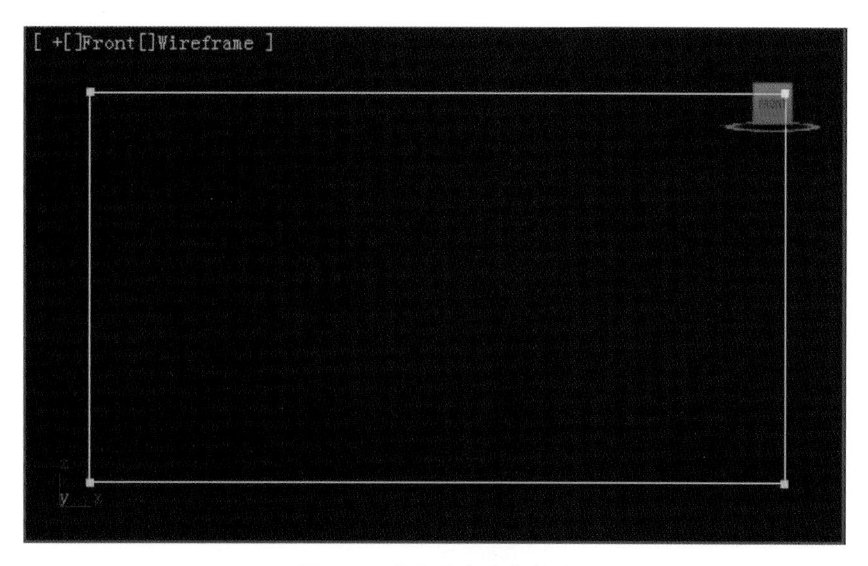

图 3-40　白色方点为起始点

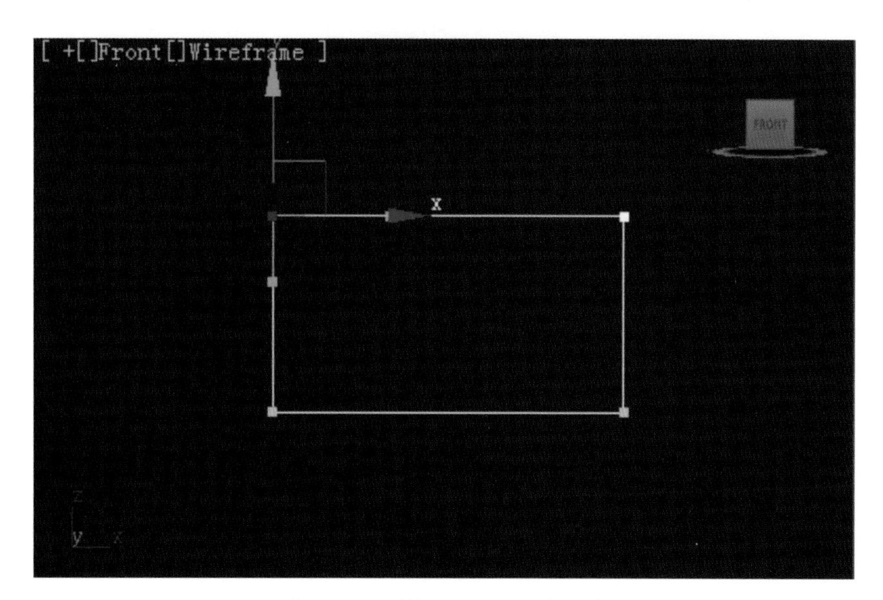

图 3-41　选择矩形左上角的顶点

■“线性”方式:让顶点两旁的线段能呈现任何的角度。

■“平滑”方式:强制把线段变成圆滑的曲线,但仍和顶点呈相切状态。

■“Bezier”方式:为顶点提供两个角度控制柄,但这两个控制柄成一条直线并和顶点相切。

■“Bezier 角点”方式:顶点上的两个控制柄不在一条直线上,可以随意更改它们的方向以产生任何的角度。

可以随时用鼠标单击选取的顶点来改变顶点的类型。在选取的顶点上单击鼠标右键,弹出的右键菜单如图 3-42 所示,通过选定不同的选项来切换顶点类型。

在右键菜单中选取“平滑”选项,将选定的顶点切换成平滑顶点,这些曲线从选取的顶点向外弯曲,但是右上角及左下角的顶点带有不同的数值而维持原有角度,如图 3-43 所示。

注意:在二维模型中,交于顶点的两线段可以随意产生不同的角度,但线段的曲度则由两个顶点所控制。可以通过移动控制柄来改变顶点的角度和线段的曲度。

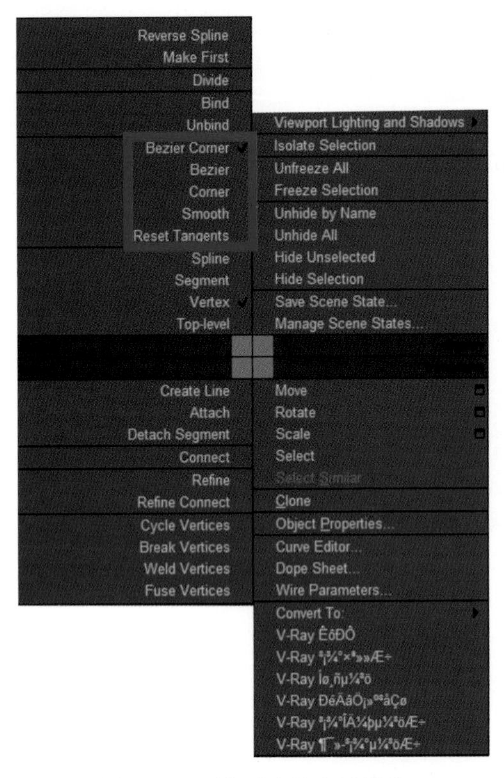

图 3-42　顶点对应的右键菜单

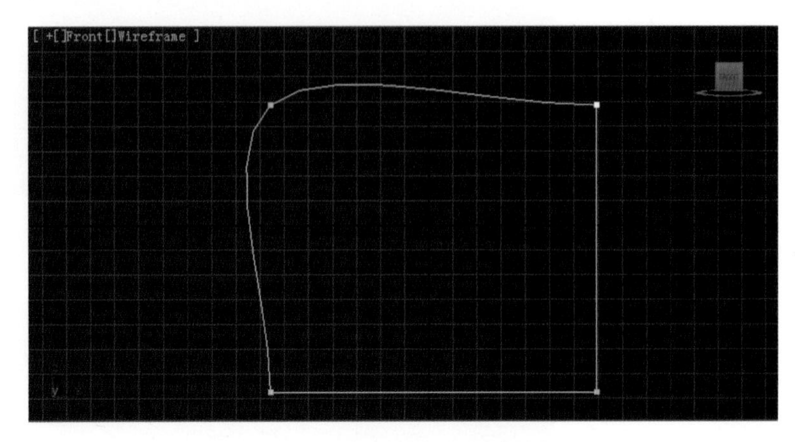

图 3-43　“平滑”方式显示顶点

用鼠标右键单击顶点，选择“Bezier 角点”选项，视图中矩形的外形没有改变，选取的顶点上出现绿色的控制柄。

“Bezier 角点”顶点和“线性”顶点有不同的特性：对于“Bezier 角点”顶点来说，无论如何移动顶点，顶点处形体的角度保持不变；相反，“线性”顶点可以改变成任意的角度。

选取主工具栏上的“选择并移动”工具按钮，将顶点处的“Bezier 角点”顶点移动到图 3-44 所示的位置。

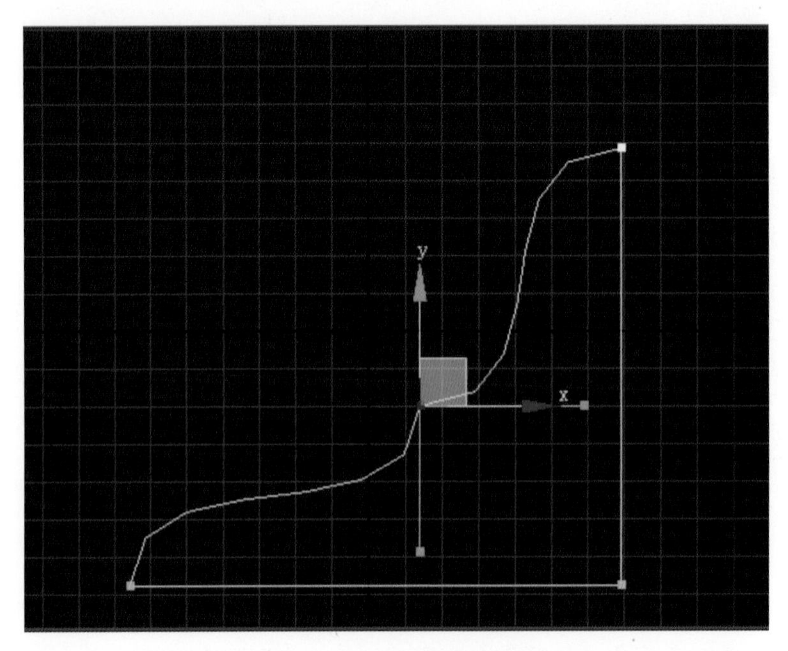

图 3-44　移动“Bezier 角点”顶点

系统提供了两种调整顶点的方法：一种是拖动控制柄绕顶点旋转，另一种是将控制柄的绿色小方框向顶点推远或者拉近。旋转控制柄，改变的是线段到达顶点的角度；而移动绿色小方框，改变的是线段本身的张力。当控制柄缩成一点并和顶点重合时，顶点两旁的线段成为一条线。

用鼠标右键单击顶点，将顶点转换为 Bezier 角点，所选顶点两旁的控制柄变成一条直线，并且强制性地将其中一条直线改变成曲线，如图 3-45 所示。

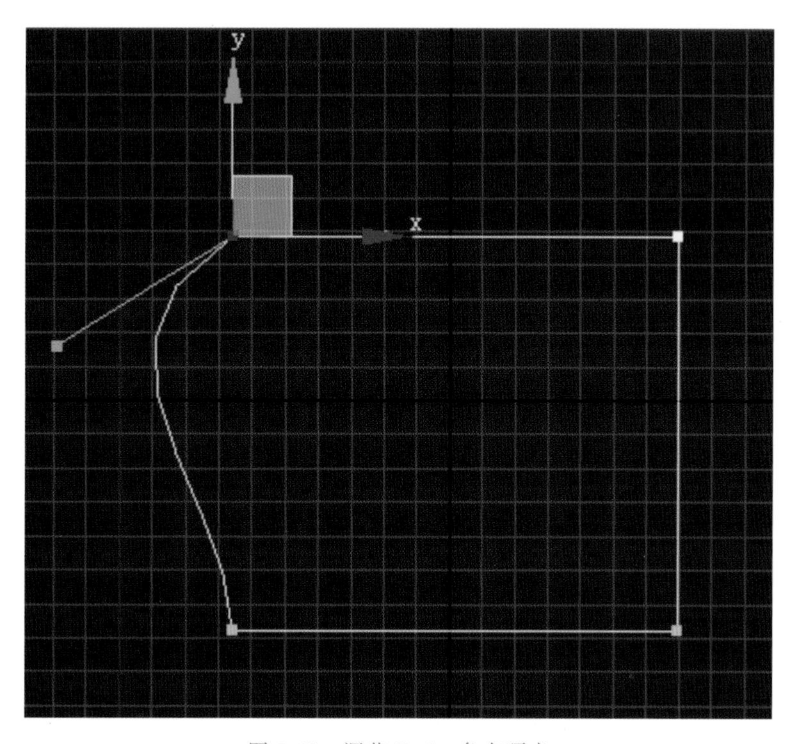

图 3-45　调节 Bezier 角点顶点

不管节点如何移动，控制柄永远呈一条线，移动控制柄一段或者改变它的长度，可以发现，不论如何调整，线段永远和顶点相切。如果拉长一边的控制柄，另一边也会跟着被拉长，且两旁的线段同步弯曲。

当按住 Shift 键移动选取的控制柄时，相切的状态被改变，并且只影响选取的控制柄一端的线段，而未被选取的控制柄的另一端线段保持不变。

可以将 Bezier 角点上的控制柄锁定成各种固定的角度，以便在编辑修改形体造型时不改变它们的角度。

在修改面板的“选择”卷展栏中勾选“锁定控制柄”复选框，选取“全部”选项，如图 3-46 所示。在视图中拖动任一边的控制柄，可以看到此时无法改变先前的角度。

“锁定控制柄”复选框未被选取时，控制柄的角度未被锁定，视图中只有被选取的控制柄会受影响。选取“锁定控制柄”复选框，即锁定了控制柄角度，这时有以下两种设定可供选取。

“相似”选项：在改变其中某一点的控制柄时，只有同为选择集中的顶点才会跟着改变。

“全部”选项：在改变其中某一点的控制柄时，其他的所有顶点都会跟着改变。

在建立形体时基本上是由起点沿着一个方向一直延伸到最后一个顶点，对于一条封闭的曲线而言，此方向为顺时针还是逆时针并不重要。

顶点两旁的每一个控制柄是不同的，其中一个用来调整入射向量，另一个则用来调整出射向量。使用时不用分辨选取的到底是何种控制柄，只要记住选取的和未选取的功能相对即可。

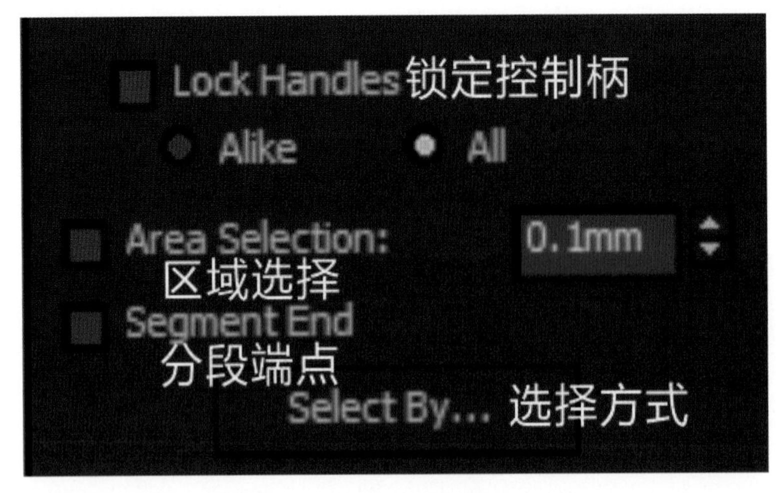

图 3-46　勾选“锁定控制柄”选项

二、复杂的修改操作

可以用新建图形和“Edit Spline”(编辑样条线)修改器中“几何体”卷展栏中的“Attach”(附加)按钮把多个曲线结合成一个整体,此时各曲线仍保持为修改造型中的独立元素。

1. 矩形和椭圆形的开放曲线

在场景中创建一个椭圆形和一个矩形对象,按住键盘上的 Ctrl 键,选取场景中的矩形和椭圆形。

在修改面板的修改器列表中选择“Edit Spline”(编辑样条线)修改器,在“选择”卷展栏中单击“分段”按钮,此时可以对场景中构成矩形和椭圆形的线段进行编辑和操作。

在视图中框选矩形的上半部和椭圆形的下半部,选取矩形的上边和椭圆形的下半部曲线段,如图 3-47 所示。

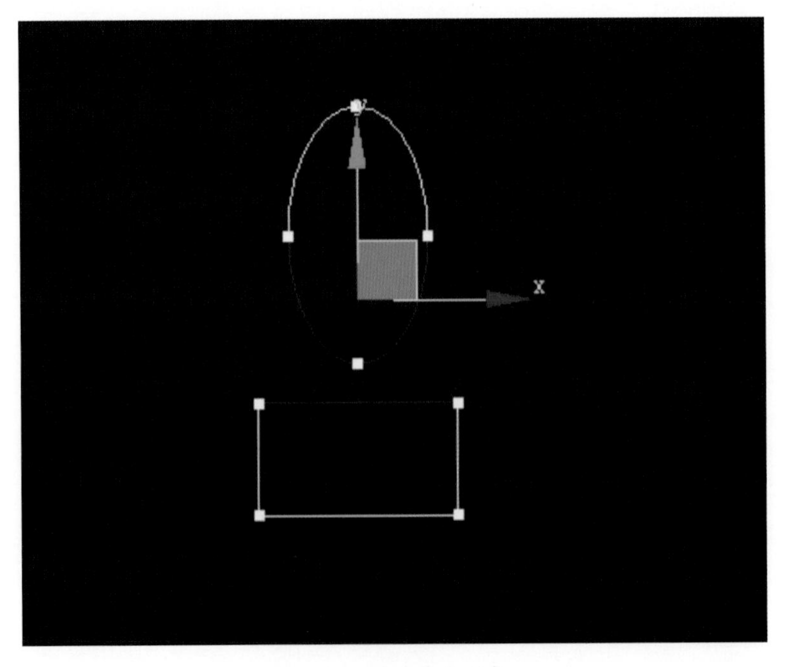

图 3-47　选取线段对象

按键盘上的 Delete 键删除选中的线段，此时，场景中的矩形和椭圆形将变成开放的曲线。

2. 插入顶点

(1) 打开上一步所画的椭圆形和矩形。

(2) 选取矩形和椭圆形，打开“Edit Spline”(编辑样条线)修改器，在“选择”卷展栏中单击“顶点”按钮。

(3) 单击“几何体”卷展栏中的“Refine”按钮，单击椭圆形上任意一点，结果在端点和光标之间产生一条线段，该线段的曲度由顶点的 Bezier 值决定，如图 3-48 所示。

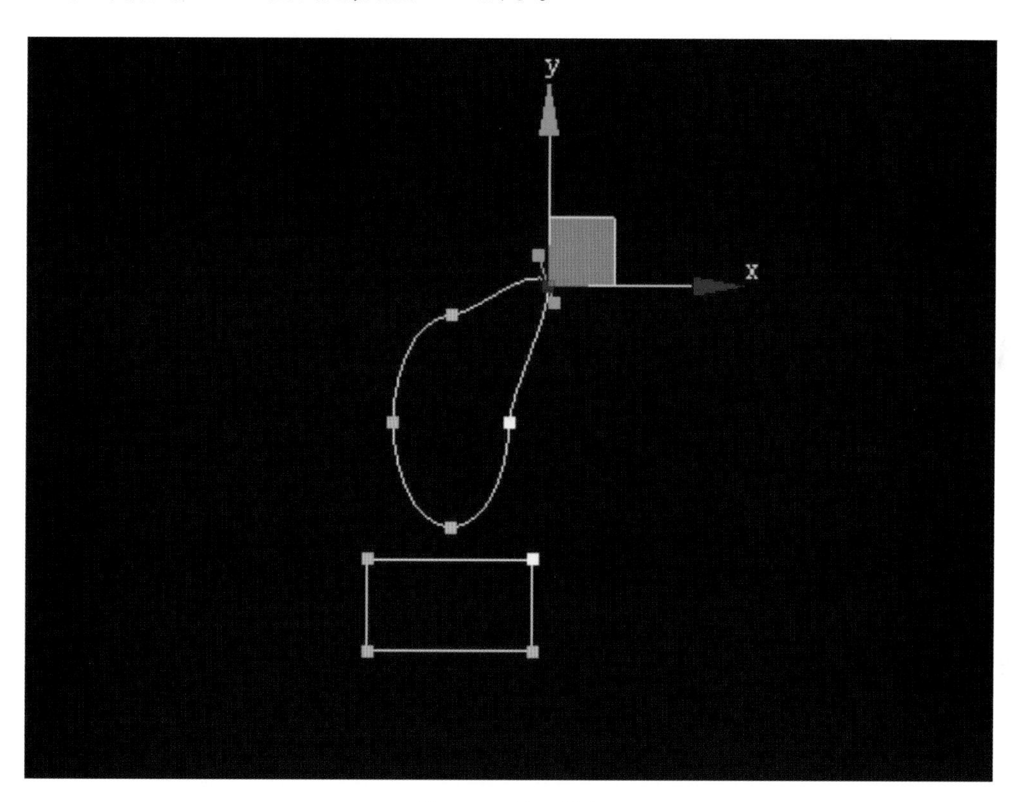

图 3-48 插入顶点

三、布尔运算

布尔(Boolean)运算可以让两个交错、重合、封闭的形体，通过数字逻辑运算产生新的形体。

(1) 打开 3ds Max，在视图中制作一个由星形和圆形组成的场景，场景如图 3-49 所示。

(2) 选取场景中的圆，在修改面板中选择“Edit Spline”(编辑样条线)修改器，在修改器堆栈属性列表中单击“样条线”选项。

(3) 要将两条曲线合并在一起，需要使用“Attach”(附加)命令，在“几何体”卷展栏中单击“Attach”按钮，然后在视图中选取星形对象。

(4) 在视图中单击星形，使其呈现选中状态，然后单击“几何体”卷展栏中的“Boolean”(布尔)按钮，并且保证“布尔”按钮右侧的“并集”按钮 呈选中状态。

(5) 在视图中将光标移动到圆形上，此时光标变成类似“十”字按钮图标的形状，单击鼠标左键，场景中的圆形和星形连成一体，如图 3-50 所示。

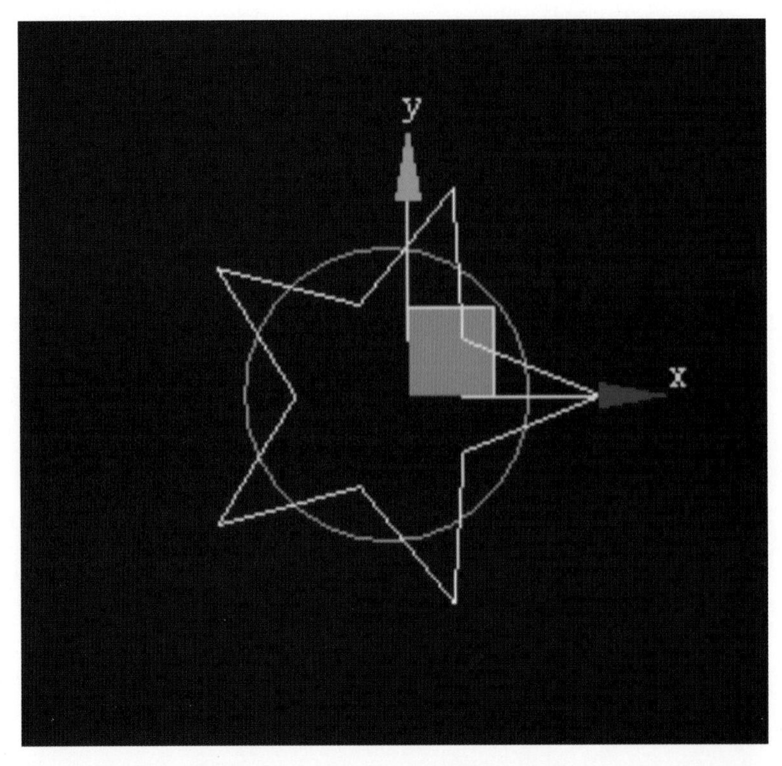

图 3-49 由星形和圆形组成的场景

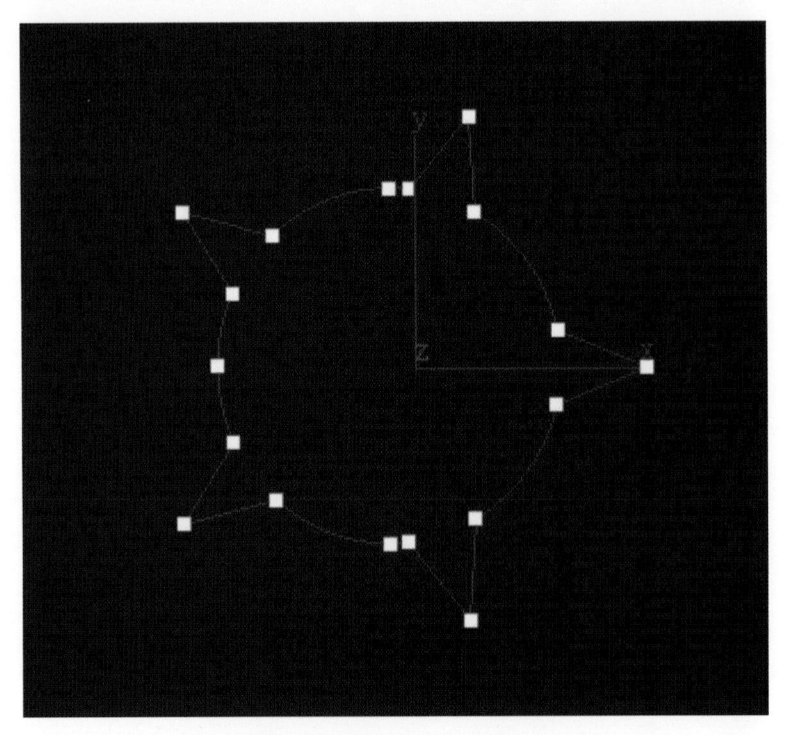

图 3-50 圆形和星形的并集

(6) 按"Ctrl+Z"键还原至圆形和星形的组合,使用"附加"按钮将其合并成一个整体。选取圆形,单击"几何体"卷展栏中的"布尔"按钮,在"布尔"按钮变成黄色的前提下单击"差集"图标按钮,然后在视图中单击选择星形。圆形减去与星形相交的部分后的图形,如图 3-51 所示。

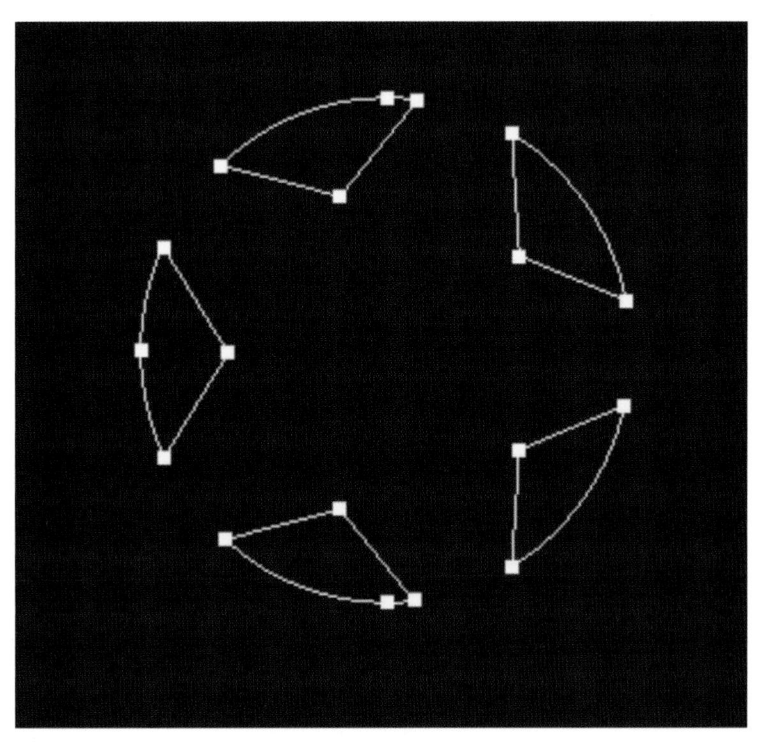

图 3-51　圆形和星形的差集

(7) 在旁边重建一个圆形和星形,将其合并成一个形体。选取圆形,单击“几何体”卷展栏中的“布尔”按钮,在“布尔”按钮变成黄色的前提下单击“交集”图标按钮,然后在视图中单击选中星形。圆形与星形相交部分的图形如图 3-52 所示。

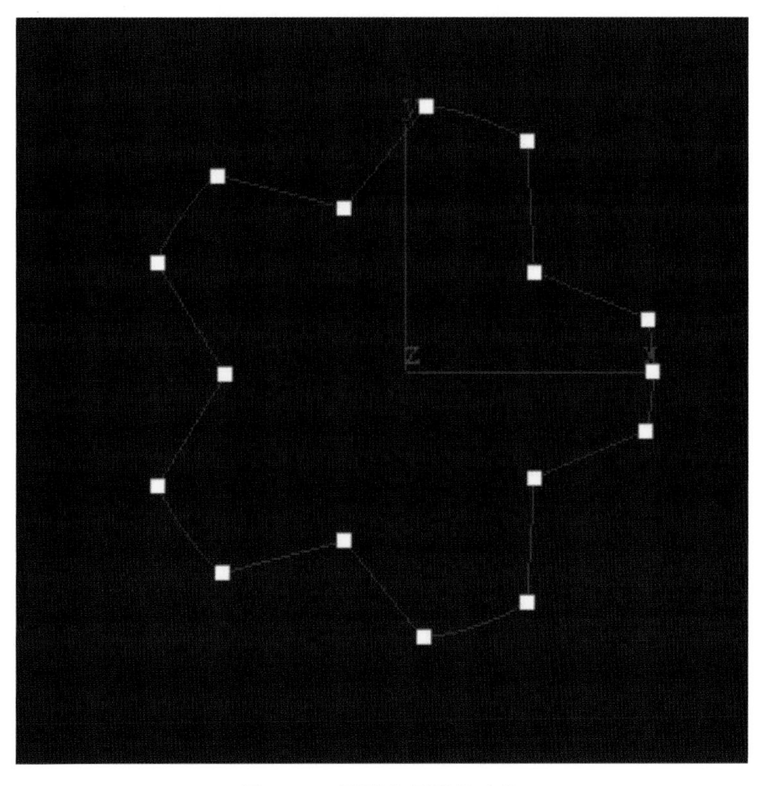

图 3-52　圆形和星形的交集

第五节
放　　样

放样是将一个二维形体对象作为沿某个路径的剖面而形成复杂的三维对象的过程。下面以窗帘制作为例讲解放样的方法。

(1) 用 Line 命令画出一条线。

(2) 在编辑面板中选择点级别，找到 Refine 选项，单击，在线上添加 10 个点，然后依次选择点，拖动出窗帘的波浪形。

(3) 画一条直线作为放样的路径，如图 3-53 所示。

(4) 选择“几何体”面板的下拉菜单中的“Compound Objects”选项，单击“Loft”(放样)按钮，如图 3-54 所示。

(5) 选择画好的路径，单击“Loft”按钮，选择“Get Path”，放样效果如图 3-55 所示。

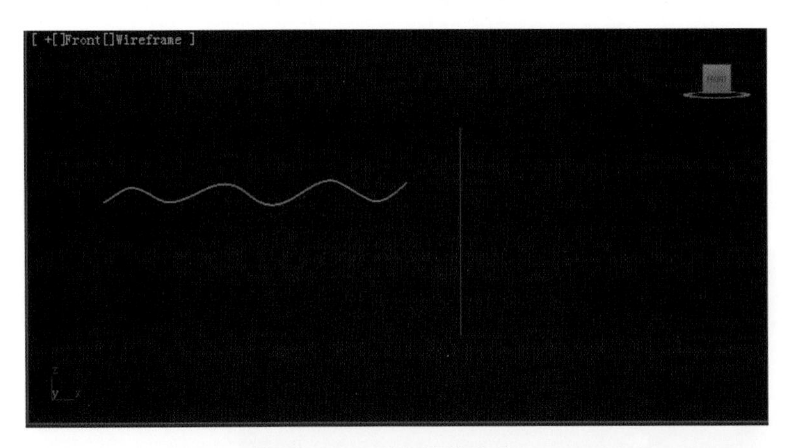

图 3-53　画出放样路径

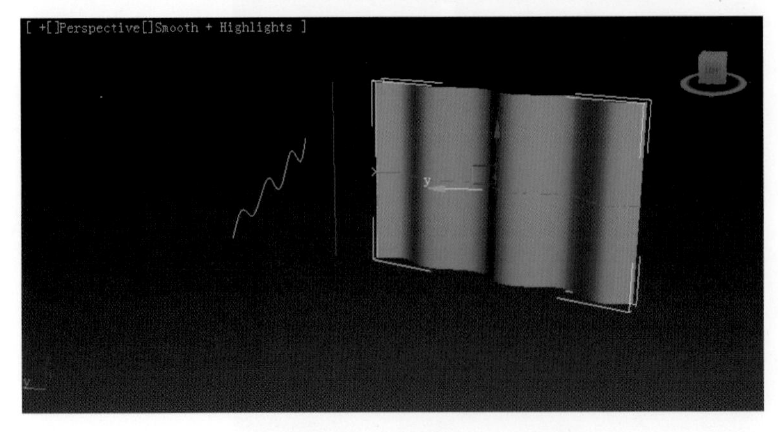

图 3-55　放样效果

图 3-54　单击“Loft”(放样)按钮

3ds Max+V-Ray Sanwei Jianmo yu Xuanran Jiaocheng

第四章

对象的变换

■ **学习要点**

- 对象的选择
- 对象的变换
- 对象的复制
- 对象的成组

在上一章中我们介绍了一些基本的建模方法，本章将学习如何选择、变换、复制和管理对象。

第一节 对象的选择

3ds Max 是一款面向对象的软件，要对对象进行编辑和修改，首先必须选中该对象。3ds Max 提供了多种选择对象的方法，下面我们一一介绍。

一、用鼠标直接选择

单击"选择对象"按钮即可直接用鼠标选择对象，其操作步骤如下。

(1) 启动 3ds Max，然后在场景中随意创建几个对象，如图 4-1 所示。

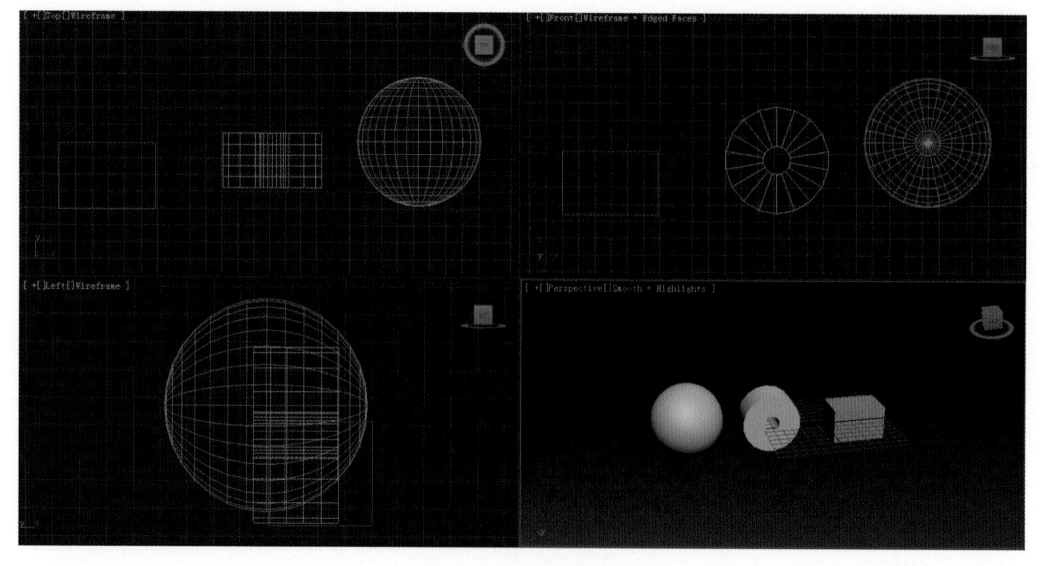

图 4-1　创建物体对象

（2）单击保存命令，将场景保存为“几何体.max”，以备调用。

（3）单击工具栏中的“选择对象”按钮 ，此时该按钮上会出现蓝色的底纹，表示可以选择对象。

（4）在任意视图中，把鼠标移到需选中的对象上，鼠标提示选择会变成“＋”形状。在以线框模式显示的视图中，被选中的对象会变成白色；在透视图中，被选中的对象周边会出现白色的边框。图 4-2 所示的球体即为选中对象，此时进入修改面板可以改变其参数。

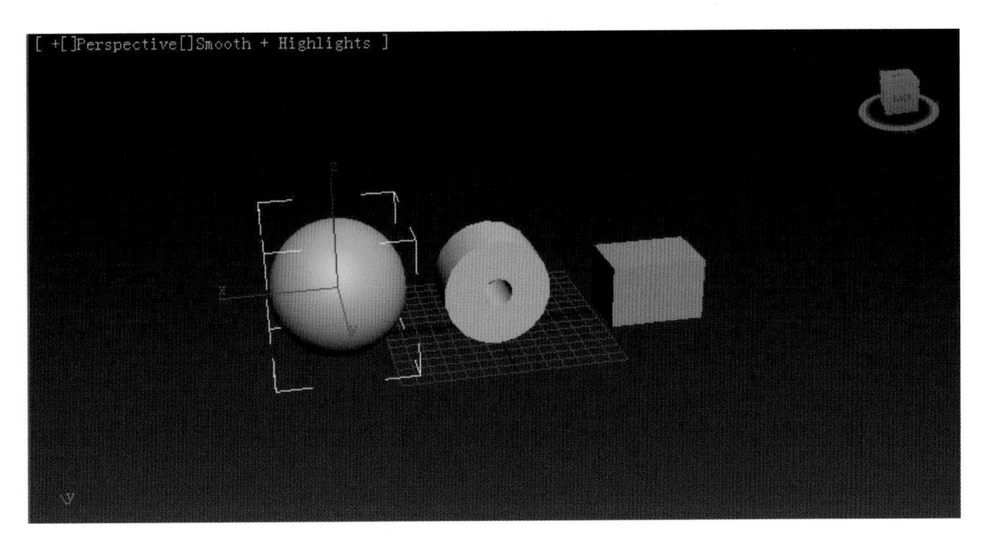

图 4-2　选中球体对象

（5）在选择球体对象的同时，按住 Ctrl 键还可以增选其他对象。如果在按住 Ctrl 键的同时单击已经选中的对象，则可以取消它的选定状态。

（6）在视图中的空白区域单击鼠标，所有对象将恢复到未选取状态。

二、按名称选择

当场景中有很多对象时，用“选择对象”工具选取对象难免会误选，这时最好的方法是按名称来选取对象。如果要按名称来选择对象，就必须知道选取对象的名称。虽然 3ds Max 会为每一个创建对象赋予一个默认名称，但是将对象的默认名称改为方便用户记忆的名称是一个不错的习惯，在完成大型项目时保持这一习惯很有必要。

（1）启动 3ds Max，选择“打开”按钮，打开刚才保存的场景文件“几何体.max”。

（2）单击工具栏中的“按名称选择”按钮 ，打开选择对象对话框，如图 4-3 所示。

选择对象对话框上方的几个按钮可以方便用户快速地找到需要选择的对象，其中有立体图形、二维线图形、灯光、摄像机等。若用户要寻找立体图形，单击“几何体”按钮，下面的菜单栏里就只有立体图形的名称。

（3）选择对象对话框下方列表列出了场景中的对象名称。在列表中单击名称“Box001”，然后单击“OK”按钮就可以选中长方体对象。

（4）按住 Ctrl 键可以同时选定多个对象。

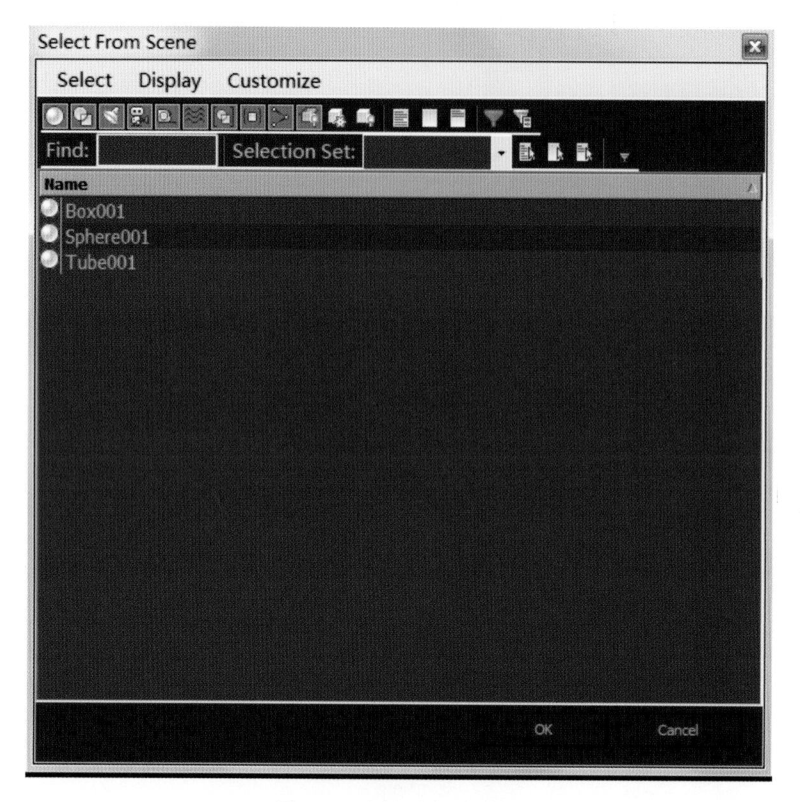

图 4-3 选择对象对话框

三、用选择区域工具选择

另外一种选择对象的方式是利用选择区域工具选择，方法是拖动鼠标定义一个区域，就可以选定区域内的所有对象。使用选择区域工具时，依旧可以配合 Ctrl 键进行多选。

在默认状态下，3ds Max 工具栏中显示的选择区域工具为矩形选择区域工具，长按按钮，即可显示图 4-4 所示的工具组。

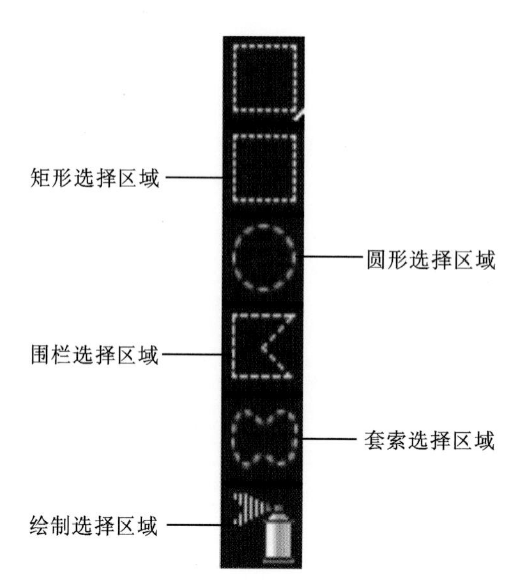

图 4-4 选择区域工具组

(1) 启动 3ds Max,选择“打开”按钮,打开已保存的场景文件“几何体. max”。

(2) 在视图中单击并拖动鼠标指针,拉出一个矩形虚线框,然后松开左键,之后矩形框内所有对象都将被选中。

(3) 在工具栏中单击矩形选择区域按钮,展开工具组,选择绘制选择区域工具,然后在视图中拖动鼠标,鼠标指针轨迹经过的对象都将被选中,如图 4-5 所示。

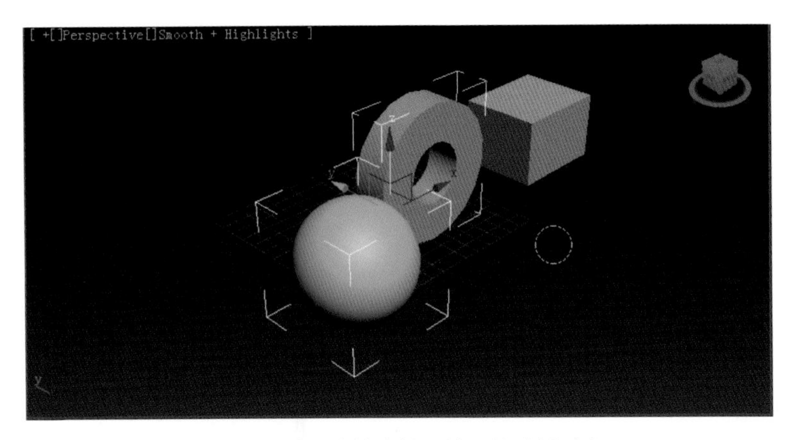

图 4-5 利用绘制选择区域工具选择对象

提示:选择区域工具还可以和“窗口/交叉”按钮 配合使用,该工具按钮有两种模式,即“窗口”模式和“交叉”模式。在“交叉”模式下,即使对象只有一部分位于选择区域内,对象也会被选中;而在“窗口”模式下,则只选中那些完全被选择框包围的对象。单击“窗口/交叉”按钮即可在两种模式之间切换。默认的选择为“交叉”模式。

(4) 单击“窗口/交叉”按钮进入“窗口”模式,重新使用绘制选择区域工具选定对象,可以对比一下选择的结果。

第二节
对象的变换

创建了对象之后,还可以对其执行变换操作。例如,可以把对象左移一点,旋转一下以展示其另一侧,或者稍微缩小一点。变换操作可将对象变换到不同的状态。在工具栏中有 3 种选择并变换对象的工具:选择并移动工具、选择并旋转工具和选择并缩放工具,如图 4-6 所示。

图 4-6 变换工具按钮

一、对象的移动

选择并移动工具 不但可以沿任何一个轴移动对象，还可以将对象移动到一个绝对坐标位置，或者移动到与当前位置有一定偏移距离的位置。

（1）打开前面保存的“几何体.max”文件，在工具栏中单击选择并移动工具按钮。

（2）在视图中选择一个对象，按住鼠标左键移动就可以拖动选中的对象。

（3）在拖动的时候要注意锁定轴，该轴以黄色显示。如果锁定在单向轴上，则对象只能沿着一个方向移动，如图 4-7 所示。

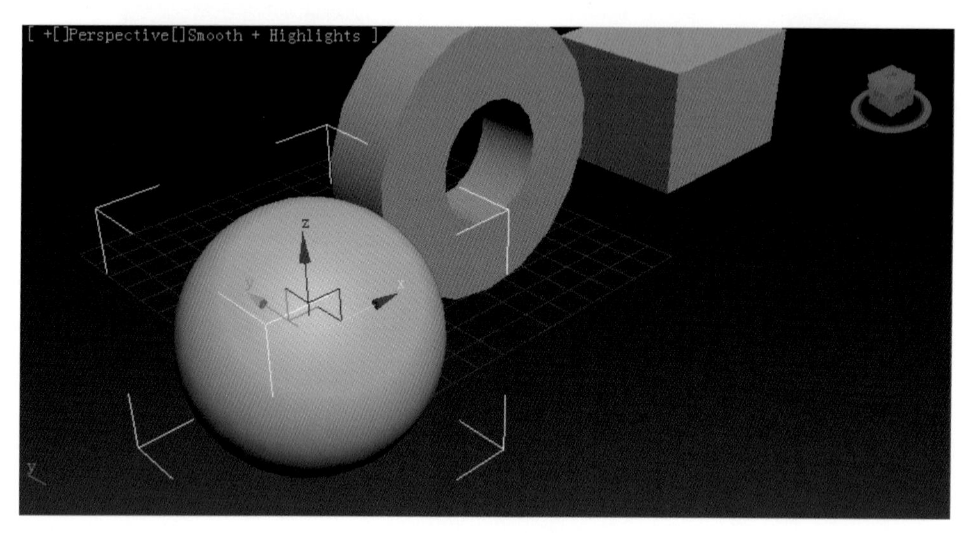

图 4-7　将移动光标放置在 x 轴上

提示：在视图中操作时，只能在激活视图所决定的平面上移动对象，如果想在其他轴上移动对象，则需要切换到其他视图。

二、对象的旋转

选择工具栏上的选择并旋转工具按钮，在视图中选择一个对象，然后就可以旋转此对象。在旋转时也要注意选定旋转轴，默认的选定旋转轴为 z 轴，将鼠标指针移动到其他坐标轴上，则可以切换旋转轴。

三、对象的缩放

选择工具栏上的选择并均匀缩放工具按钮，即可在视图中调整选定对象的大小。缩放尺度采用原始大小的百分比来度量，例如，缩放到 200％的长方体将是原大小的 2 倍。大多数缩放操作都是一致的，也就是说，在 3 个方向上按比例缩放，但是有时候也需要非均匀缩放。长按选择并均匀缩放工具按钮，即可展开工具组，如图 4-8 所示，其中选择并非均匀缩放按钮和选择并挤压按钮用于非均匀缩放对象，使对象在两个方向上缩放不同程度。

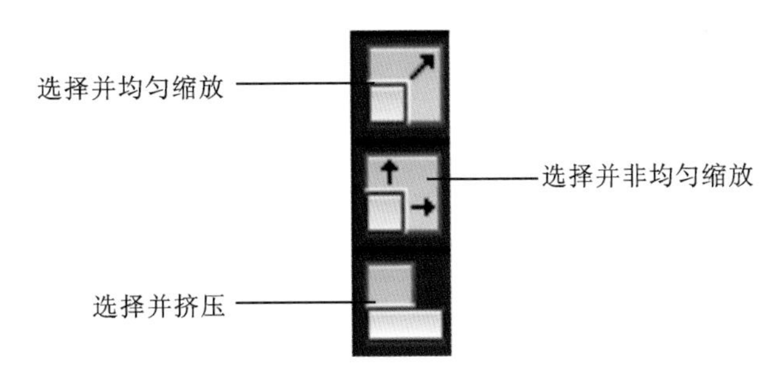

图 4-8 选择并缩放工具组

第三节
对象的复制

复制对象就是创建对象副本的过程，这些副本对象和原始对象具有相同的属性和参数。在 3ds Max 中有四种复制对象的方法：克隆、镜像、创建对象阵列及沿路径等间距复制。

一、使用克隆命令

(1) 选定要复制的球体对象，然后使用快捷键"Ctrl＋V"即可打开"克隆选项"对话框并复制对象，如图 4-9 所示。

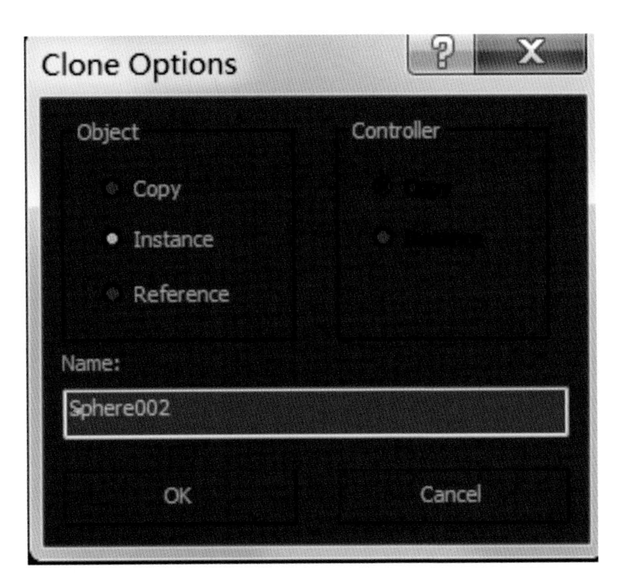

图 4-9 "克隆选项"对话框

Copy：可将定义的对象复制一份。一旦复制，则原始对象和它的复制品即复制对象就会成为相互独立的两个对象，它们唯一不同之处就是名称。

Instance：无论修改原始对象或者实例对象，所有相关对象都会发生相同的改变。

Reference:关联复制,如果修改原始对象,那么复制出来的参考对象则会一起发生改变。

(2) 在"克隆选项"对话框中为克隆对象命名,在"对象"选项区中指定克隆方式为"Copy",单击"OK"按钮,即可得到两个重合的球体。

提示:复制对象时,复制对象和原始对象会重合在一起,很难进行区分。若要选定复制对象,则可以从工具栏中打开"按名称选择"对话框,找到复制的对象。

(3) 选择工具栏上的选择并移动工具将两个球体分开,并选定球体副本(复制对象)进入修改面板,在参数卷展栏中改变球体副本的半径值,此时球体副本的半径改变而原始球体的半径并没有改变,如图 4-10 所示。

图 4-10 "Copy"不改变原始球体的大小

注意:复制出来的球体是完全独立于原始球体的新球体,它具备原始球体的所有属性,但是复制完成之后不再与原始球体有任何关联,此时修改原始球体的大小不会影响球体副本的大小。

(4) 选择复制的球体,按 Delete 键将其删除;然后选定原始球体,并按"Ctrl+V"键,再次复制球体,在"克隆选项"对话框中选定复制方式为"Instance"。

(5) 使用选择并移动工具将两个球体分开,选择原始球体对象,在修改面板的参数卷展栏中修改球体半径,结果复制的对象(实例对象)也随之发生改变,如图 4-11 所示。由此可知,修改原始对象将同样引起实例对象的变化。

图 4-11 原始对象和实例对象同时变化

注意：由于实例对象和原始对象具有相同的修改器堆栈，因此对其中任一对象的修改都会同时发生在另一个对象上，但两个对象仍有区别，比如名称、材质及当前位置。由于当前位置不同，在受到空间扭曲的作用时，所产生的变化是不一样的。

(6) 删除实例对象，然后再次复制原始对象，在“克隆选项”对话框中选定“Reference”选项，并使用移动工具将两者分开。

(7) 选中原始对象，在修改面板中修改其半径，此时的参考对象也随之变化；然后选定参考对象，可发现修改面板中无相应参数卷展栏，因此无法修改其参数，此时如果对参考对象应用编辑修改器，则并不影响原始对象，如图 4-12 所示。

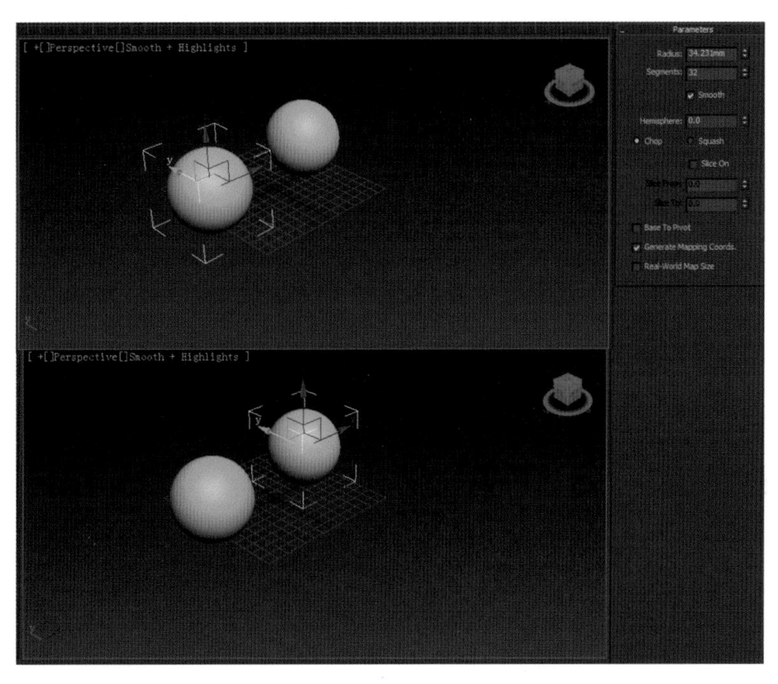

图 4-12　参考对象不能在修改面板中修改

二、配合 Shift 键拖放

除了使用“Ctrl+V”键可以复制对象之外，在变换对象的时候，按住 Shift 键也可以复制对象，包括移动、旋转和缩放。

(1) 选择原始球体，然后在工具栏上单击“选择并移动”按钮，在按住 Shift 键的同时移动球体，放开鼠标，则弹出图 4-13 所示的“克隆选项”对话框。

(2) 在“克隆选项”对话框中可以设定复制方式，还可以设定复制的数量。设置“副本数”为 4，则可以复制 4 个球体副本对象，如图 4-14 所示。

提示：相对于克隆命令，使用 Shift 键复制更为方便快捷，而且使用 Shift 键进行复制还可以同时复制多个对象，而克隆命令一次只能复制 1 个，不能控制数量。此外，使用克隆命令复制的对象重合在一起，只有分开才能分辨出来。

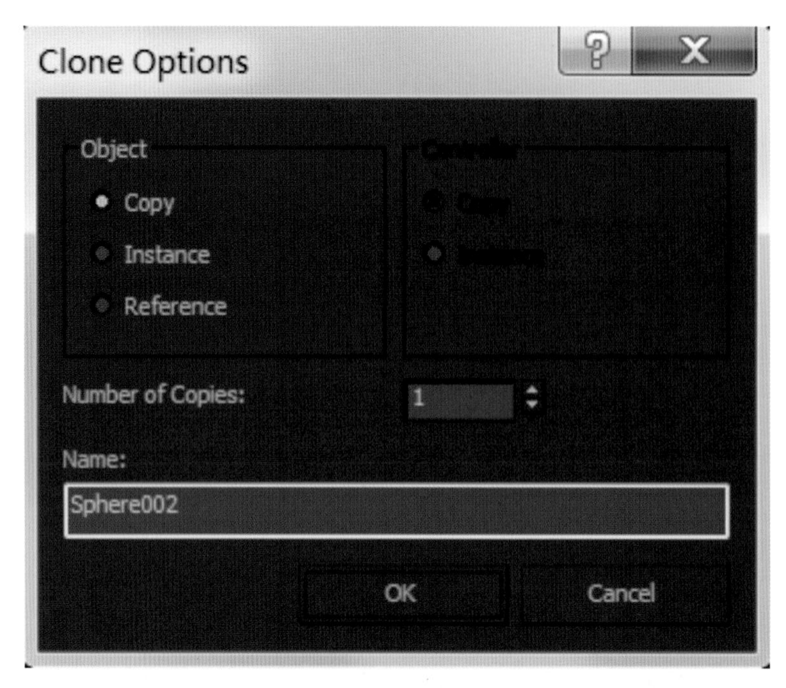

图 4-13 “克隆选项”对话框

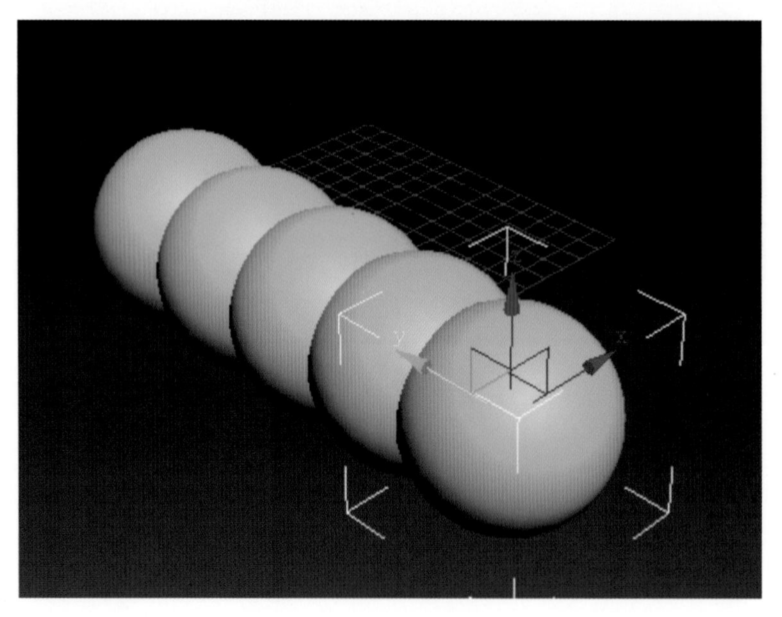

图 4-14 复制 4 个球体副本

三、使用镜像命令

现在学习另一种复制对象的方法——镜像。这种方法将对所选的对象采用镜像的方式复制。虽然使用移动和旋转工具也能达到镜像复制的效果,但是使用镜像工具更为方便。

(1) 启动 3ds Max,在顶视图中建立一个半径为 30 mm 的茶壶对象。

(2) 选定茶壶对象,单击工具栏上的镜像工具按钮 ,打开镜像对话框,如图 4-15 所示。

镜像轴:用于设定镜像的轴,默认轴为 x 轴。

偏移:用于设定镜像对象偏移原始对象的距离。

克隆当前选项:用于控制对象是否复制、以何种方式复制。默认选项是“不复制”,即只翻转对象而不复制对象。

(3) 在“镜像轴”区域设定镜像轴为 z 轴,在“克隆当前选项”区域设定复制方式为“复制”,此时场景中已经可以看到镜像复制的效果,调节“偏移”的值即可调节两个茶壶对象之间的距离。

(4) 单击“OK”按钮,此时复制的茶壶对象翻转后,将处于原始对象的下方,它们中间就好像有一面镜子一样,如图 4-16 所示。

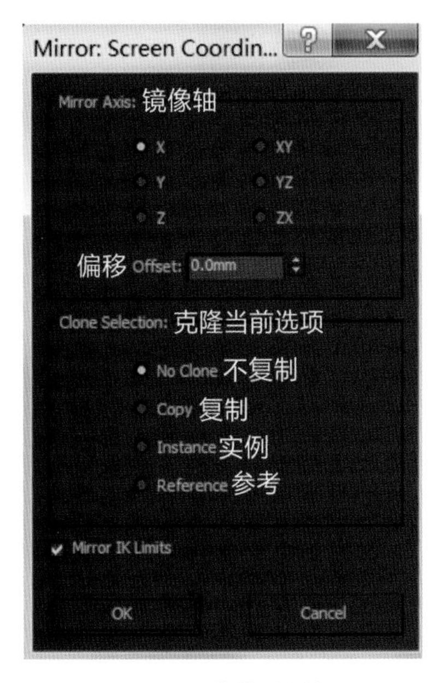

图 4-15　镜像对话框

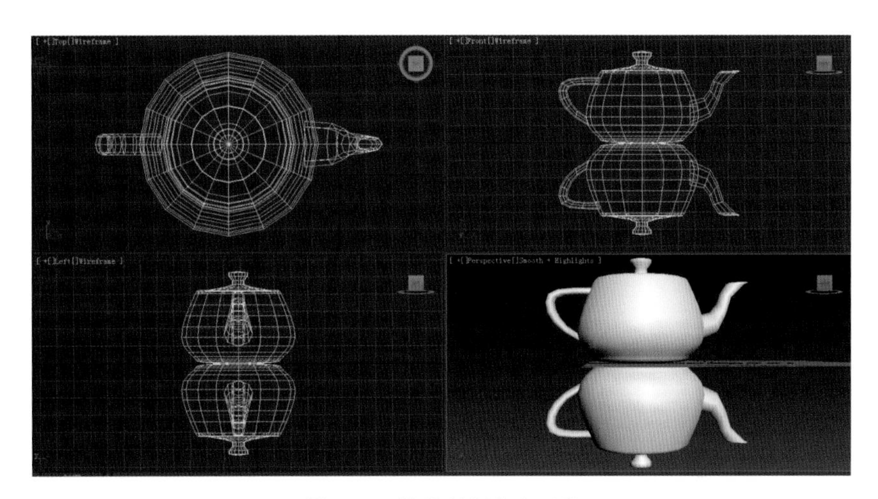

图 4-16　镜像复制茶壶对象

四、使用阵列命令

使用阵列命令可以同时复制多个相同的对象,并且使得这些复制对象在空间上按照一定的顺序和形式排列,比如环形阵列。

(1) 启动 3ds Max,在顶视图中创建一个半径为 10 mm、高度为 50 mm 的圆柱体对象。

(2) 3ds Max 的初始工具栏中是没有阵列工具按钮的,所以需要让它先显示出来。在工具栏的空白处单击鼠标右键,会显示出隐藏选项,如图 4-17 所示。

(3) 选定圆柱体对象,单击阵列工具按钮,打开阵列对话框,如图 4-18 所示。

阵列变换:用于控制采用哪种变换方式来形成阵列,可以同时使用多种变换方式和变换轴。

对象类型:用于设置复制对象的类型,与“克隆选项”对话框的内容基本相同。

阵列维度:用于指定阵列的维度。

阵列中的总数:用于控制复制对象的总数,默认为 10 个,通过设定“数量”值即可改变复制对象的总数。

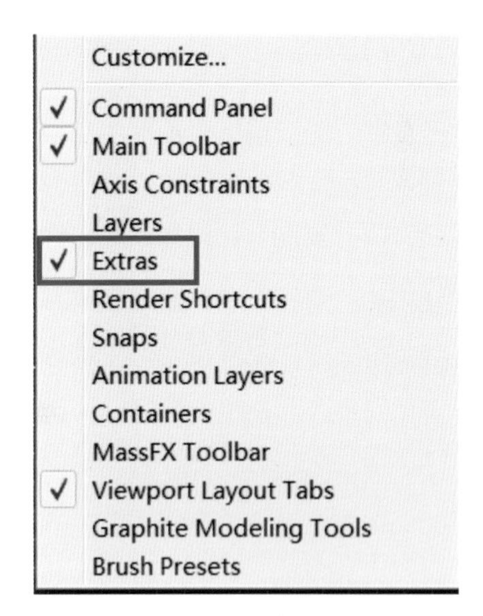

图 4-17　隐藏选项

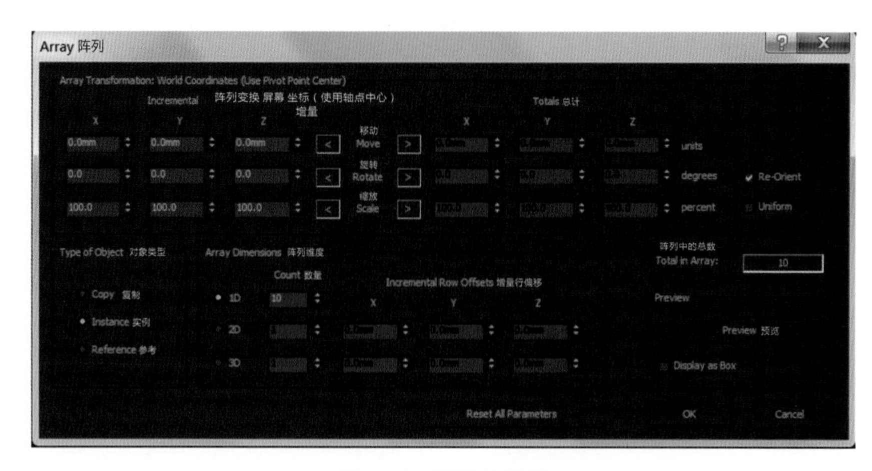

图 4-18　阵列对话框

注意：阵列对话框中的参数在一个场景中是恒久不变的，也就是说，一旦应用了阵列命令，这些参数一直会被保持到被修改为止。通过单击“重置所有参数”按钮可以立即恢复到默认值。

(4) 在阵列对话框中的“增量行偏移”区域中设置 X 的值为 25，即复制对象在 x 轴方向偏移 25 个单位，单击“OK”按钮退出，此时的场景如图 4-19 所示。

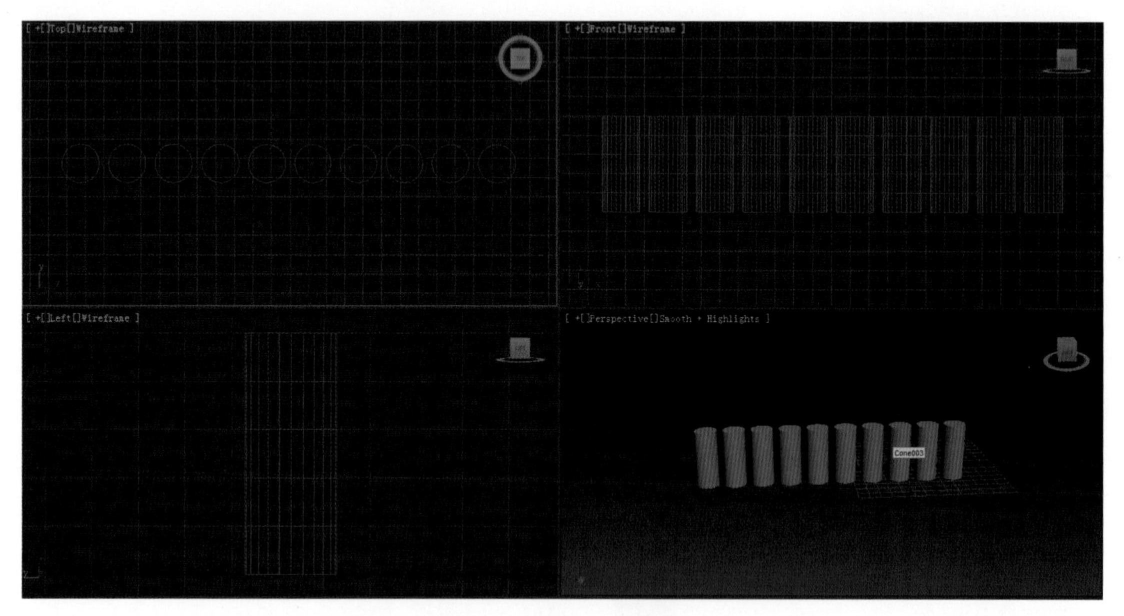

图 4-19　制作一维阵列

(5) 在键盘上按下“Ctrl+Z”键，取消阵列复制。再次打开阵列对话框，在阵列对话框中的“阵列维度”区域内选定 2D，并在“数量”中输入 5，1D“数量”保持 10 不变，然后在“增量行偏移”区域中设置 Y 值为 30，单击“OK”按钮创建 10×5 的二维阵列，如图 4-20 所示。

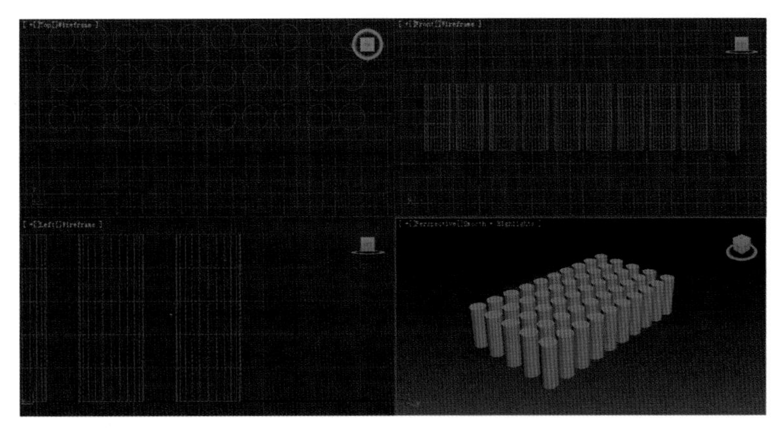

图 4-20 制作二维阵列

第四节 对象的成组

对于一个复杂的场景而言，需要将对象组合在一起构成新的对象，使得选定和变换对象更容易。组合后的对象就像一个整体，选择组中的任何一个对象都将选定整个组里的对象。

创建、分解和编辑组的操作命令都位于“组”菜单，其中包括 8 个命令，如图 4-21 所示。

一、组的创建

打开一个窗户的模型，使用选择工具将窗框和玻璃选中，然后选择“组→成组”菜单命令，在弹出的对话框中为组对象命名，如图 4-22 所示。

图 4-21 “组”菜单

图 4-22 为组对象命名

注意：系统将自动在组名称中添加“[]”符号，这样可以方便用户在“按名称选择”对话框中识别对象。

二、组的分解

使用“解组”命令可以分解当前组。操作步骤是：先选中要分解的组对象，然后选择“组→解组”菜单命令，这个命令可以将组中的对象分解，如图 4-23 所示。

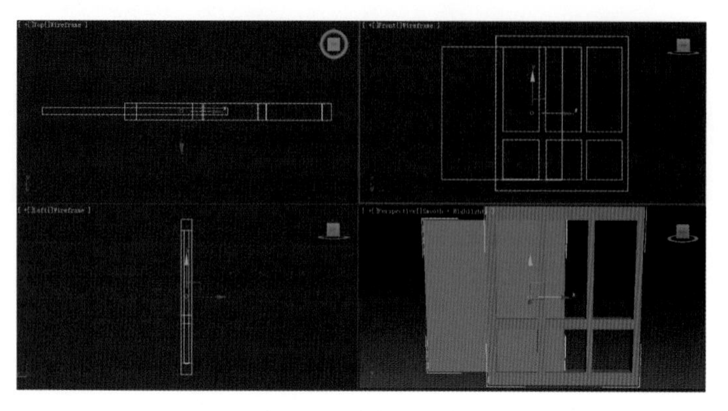

图 4-23　分解组对象

有时组由几个组结合而成，每次应用“解组”命令只能分解当前选定的组，而组内嵌套的组仍是完整的，因此只能重复执行“解组”命令。若要分解嵌套组，最简单的方法是执行“炸开”命令。“炸开”命令用于消除所有的组，并将所有对象分离出来。

三、组的打开与关闭

进行变换时，组的对象将作为一个整体移动、缩放或是旋转，使用“组→打开”菜单命令可以访问组内的对象。

选中图 4-23 中的“窗 01”并移动，此时所有的对象将一起移动，然后选择“组→打开”菜单命令打开组对象，此时便可以选择移动窗 01 组中的玻璃或窗框。如果选择“组→分离”菜单命令，则可以将当前选中的玻璃从组中分离出去，如图 4-24 所示。

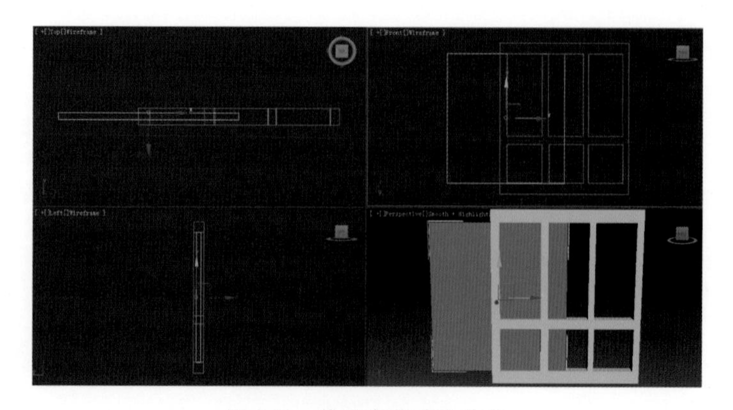

图 4-24　将选定的玻璃分离

选择“组→关闭”菜单命令关闭组对象。然后选中刚才分离出去的玻璃，选择“组→附加”菜单命令，这样在视图中选中“窗 01”组对象即可将玻璃结合到组对象上。

第五章

对象的编辑

学习要点

- 标准修改器
- 二维模型修改器

在使用 3ds Max 进行三维图形设计的制作过程中,制作技巧显得十分重要,但更重要的是在创建模型之前弄清楚完成任务的最佳方法。

3ds Max 中有很多不同的建模方法,熟练使用创建面板和修改面板,便可以大大简化建模的过程。在建模过程中,创建工具和修改工具互为补充,可以帮助我们顺利完成工作。

第一节
修改器简介

创建一个对象后,可随时单击"修改"按钮进入修改面板。修改面板中不仅会显示对象的创建参数,而且针对某些放样物体,修改面板中还会显示一些附加修饰命令。

创建好一个几何物体对象后,即可通过修改器的应用将简单的物体修改为复杂的对象。比如可以使用修改器,对物体施加各种变形修改,同时这些命令也可以在物体的子对象上,例如点、线、面等。

可对一个对象使用多个修改器,这些修改器都将储存在修改堆栈中,通过修改器堆栈即可随时修改参数,可随时删除堆栈中的修改器。

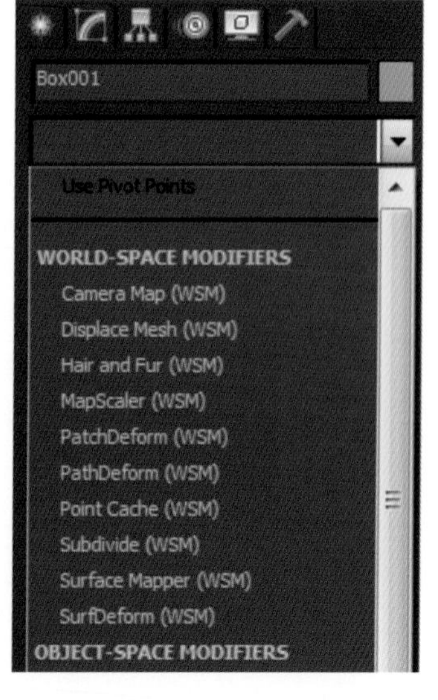

图 5-1　默认修改面板

一、使用修改面板

在视图中选择一个对象,然后进入修改面板,如图 5-1 所示。在修改面板中,单击"Modifier List"(修改器列表)旁的下拉按钮,即可在下拉列表中选择修改器,选定的修改器将位于修改器堆栈的最上层。

修改面板有修改器列表和堆栈及参数卷展栏等部分。其中参数卷展栏用于显示对象的可修改参数。

修改器列表和堆栈下方共有 5 个按钮,它们的介绍如下。

锁定堆栈:将修改器堆栈锁定在当前物体上,即使选取场景中的其他对象,修改器仍只作用于锁定对象。

显示最终结果开、关切换:按下按钮后,即可观察对象修改的最终结果。

使唯一：将用于选择集的修改器独立出来，只作用于当前选择对象。

从堆栈中移除此修改器：将选定修改器从堆栈中删除。

配置修改器集：单击会弹出菜单，可选择是否显示修改器按钮及改变按钮组的配置。

二、修改器的类型

修改器共分为以下几大类。

■选择修改器：进行修改选择，包括网格选择、面片选择、多边形选择和体积选择等几种修改器。

■世界空间修改器：用于改变对象的世界空间特性。

■对象空间修改器：只用于修改物体的对象空间参数。

这些修改器可以帮助用户实现多种复杂造型的构建工作，可以在一个物体上施加多重修改器以达到不同的造型效果。下面我们将介绍几种常用的修改器的具体使用方法，以帮助大家构建更多的复杂模型。

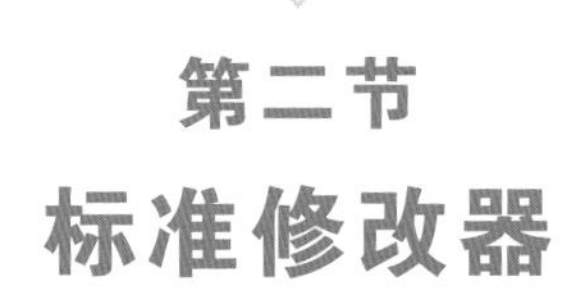

第二节 标准修改器

一、弯曲修改器

弯曲修改器不但可以将对象沿着一根轴在一维、二维上弯曲，而且可以对物体进行部分弯曲修改。

(1) 在创建面板中的“几何体”子面板的“标准基本体”按钮组中，单击“管状体”按钮，创建一个参数如图 5-2 所示的管状体。

提示：将管状体所有的段数都设为 24，是为了在应用弯曲后产生造型上的变化。如果段数为 0 或较少，那么进行弯曲修改后，管状体造型将不发生变化或者被弯曲的表面显得不够光滑。

(2) 进入修改面板，单击“Modifier List”右侧的下拉按钮，然后在下拉列表中选择“Bend”弯曲修改器，之后即可在视图中看到长方体被加上一个橘黄色的外框，这个外框就是长方体的 Gizmo 物体。

注意：Gizmo 物体是修改的子物体。许多修改器被添加到物体上时都会出现这个，Gizmo 物体变形其实就是 Gizmo 变形，Gizmo 物体就好比一个盒子，而 Gizmo 物体中的原物体则好像是盒子里盛的液体，会随 Gizmo 物体发生变化。

(3) 在弯曲参数卷展栏(显示为 Bend)中，调节参数并观看弯曲效果。参数卷展栏如图 5-3 所示。

弯曲：其子参数“角度”和“方向”可用于精确设置弯曲。

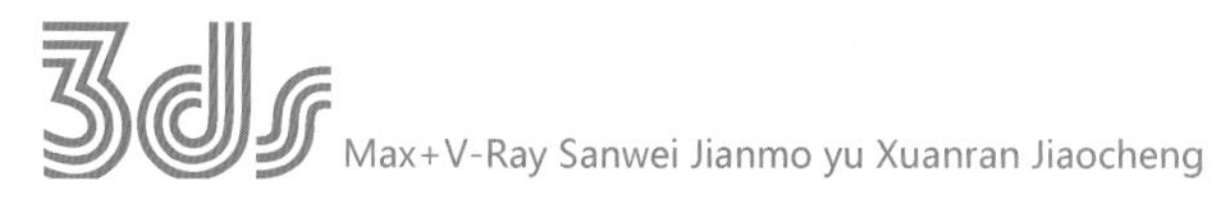

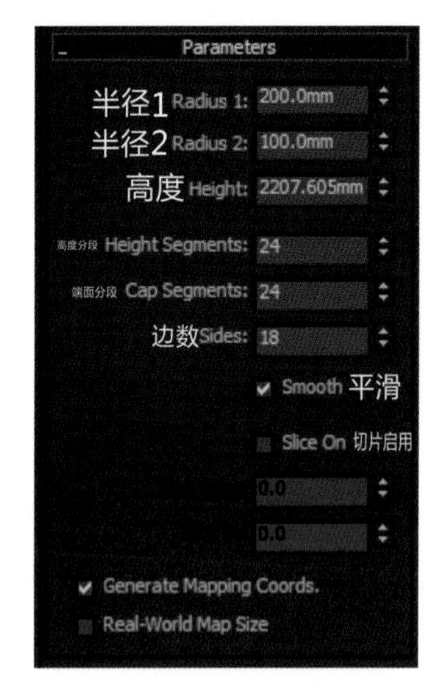

图 5-2　管状体参数卷展栏

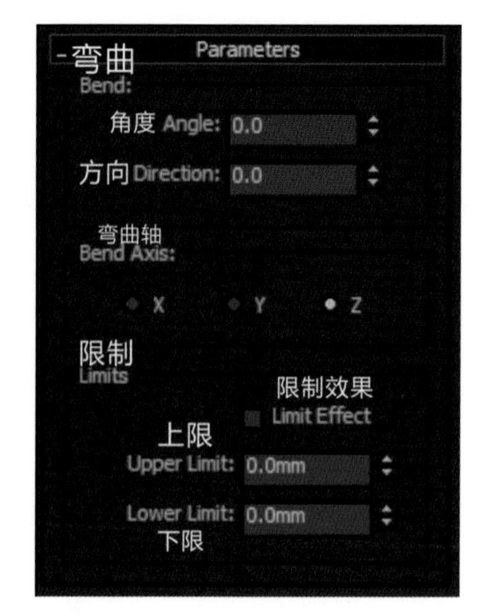

图 5-3　弯曲修改器参数卷展栏

限制：用于设置弯曲限制，包括“上限”和“下限”两个子项。超出上、下限的部分将不受修改器的影响。

(4) 设定角度为 180、方向为 0 时，管状体的弯曲效果如图 5-4 所示。

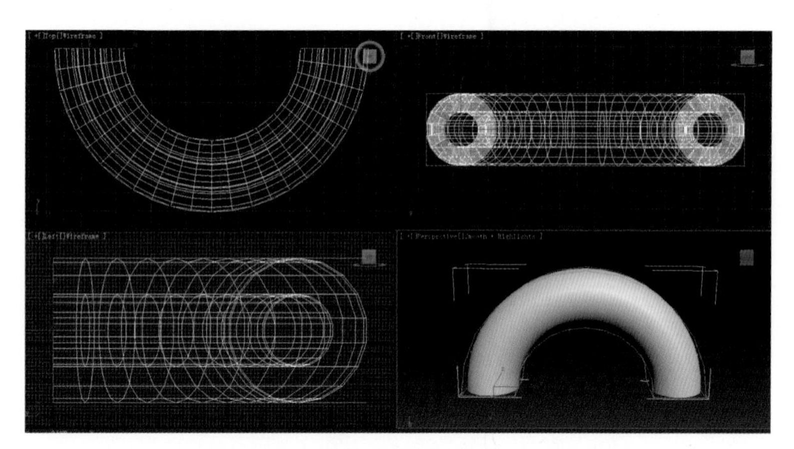

图 5-4　角度为 180、方向为 0 的效果

(5) 设定角度为 180、方向为 45 时的弯曲效果如图 5-5 所示。

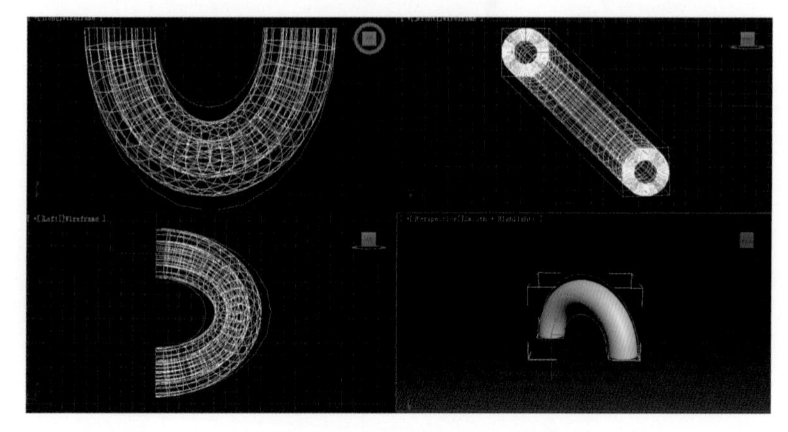

图 5-5　角度为 180、方向为 45 的效果

二、锥化修改器

锥化修改器可对对象的一端同时在两个方向上进行缩放，从而对物体轮廓造型进行锥化修改。我们可以在创建的基础模型上添加锥化修改器，使物体产生变化。

(1) 在创建面板的“几何体”子面板中的“标准基本体”按钮组中单击“圆柱体”按钮，创建一个圆柱体，参数设定如图 5-6 所示。

(2) 选中圆柱体对象，进入修改面板，在修改器列表中选择“Taper”锥化修改器，其参数卷展栏如图 5-7 所示。

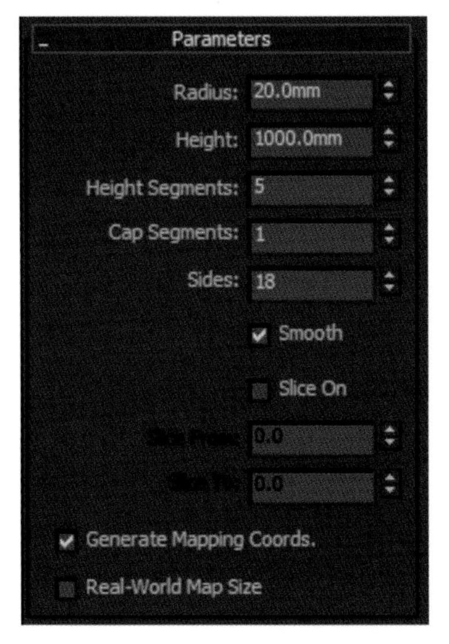

图 5-6 圆柱体参数卷展栏

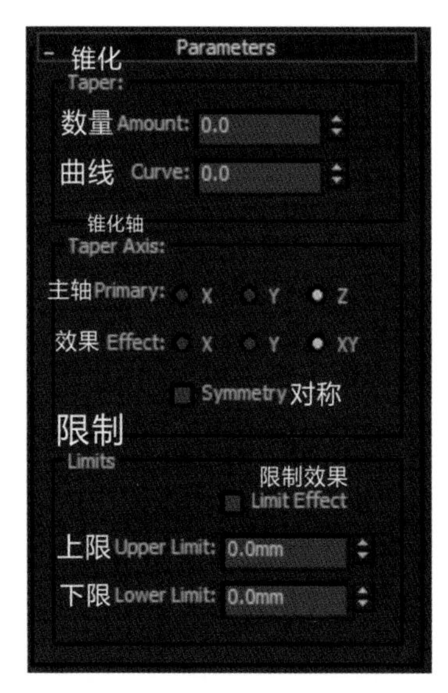

图 5-7 锥化修改器参数卷展栏

锥化：包括“数量”和“曲线”两个子参数。

锥化轴：用于设置“主轴”和“效果”等参数。

限制：该参数与弯曲修改器的“限制”参数功能类似。

(3) 在锥化修改器参数卷展栏中设定数量为 1、曲线为 0，主体变化如图 5-8 所示。

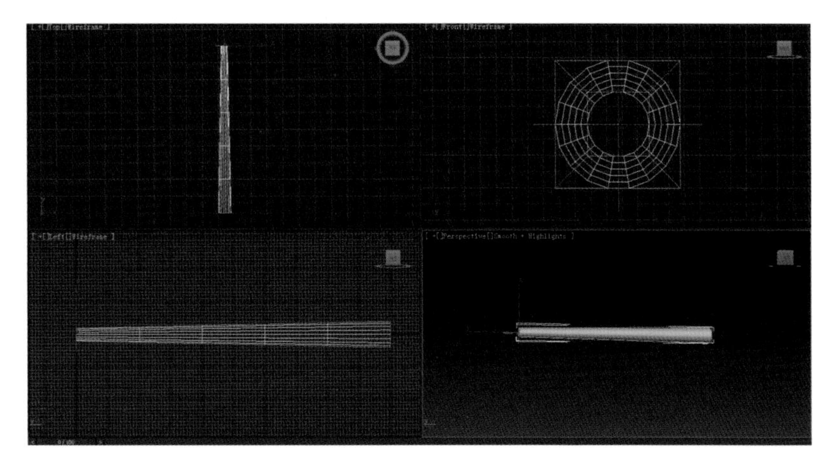

图 5-8 设置数量为 1、曲线为 0 的效果

(4) 在参数卷展栏中设定数量为 1、曲线为 3 时,柱体锥化效果如图 5-9 所示。

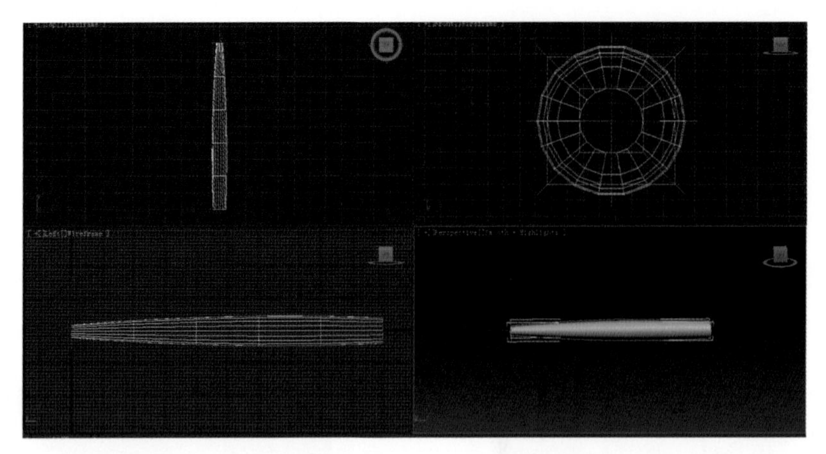

图 5-9　设置数量为 1、曲线为 3 的效果

(5) 在参数卷展栏中设定数量为 1、曲线为－3 时,柱体锥化效果如图 5-10 所示。

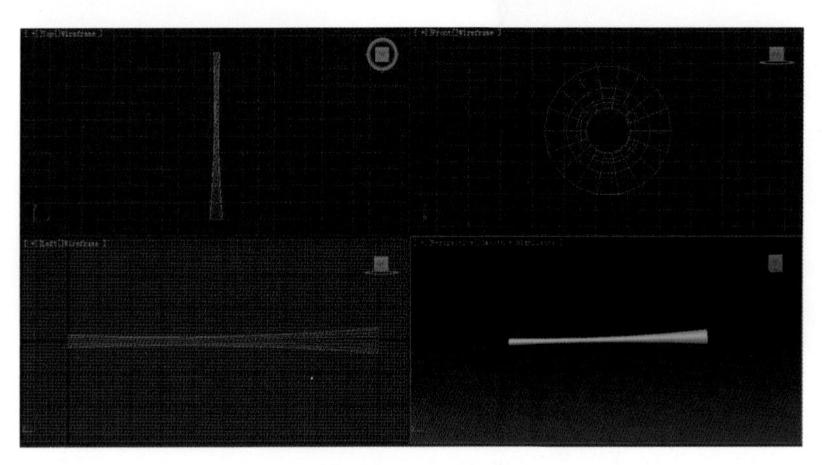

图 5-10　设置数量为 1、曲线为－3 的效果

(6) 在参数卷展栏中设定数量为 1、曲线为 10,选择“限制效果”选项,设定上限为 60、下限为 10,柱体锥化效果如图 5-11 所示。

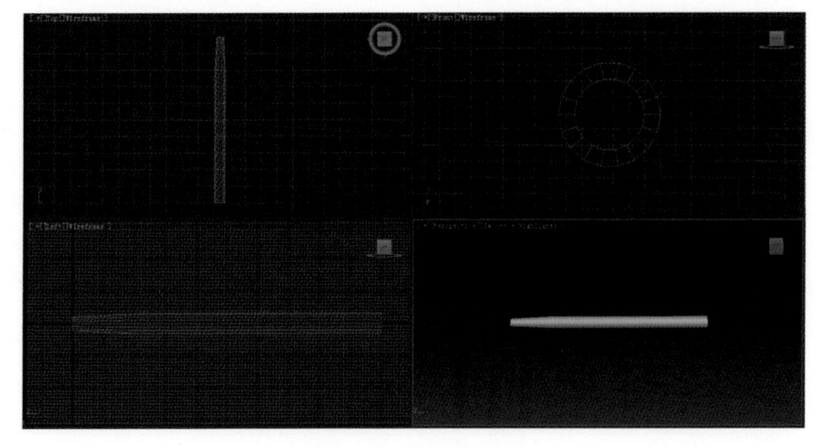

图 5-11　最终锥化效果

三、扭曲修改器

扭曲修改器可以使对象产生螺旋的效果。利用扭曲修改器，可以使物体沿任意轴进行扭曲变形。

创建一个长方体，然后进入修改面板，在修改器列表中选择“Twist”扭曲修改器，再在参数卷展栏中设定角度为 180、偏移为 80 后，长方体的扭曲效果如图 5-12 所示。

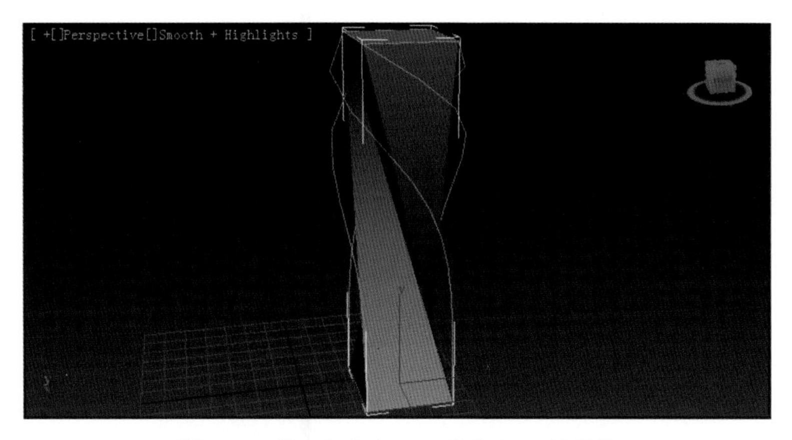

图 5-12 设定角度为 180、偏移为 80 的效果

四、FFD 修改器

3ds Max 中的 FFD 修改器是对物体进行空间变形修改的一类修改器，共分为 FFD 2×2×2，FFD 3×3×3，FFD 4×4×4，FFD(BOX)，FFD(CYL)几种。下面将采用 FFD 3×3×3 构建一个沙发垫的造型。

(1) 在创建面板的“几何体”子面板中的下拉列表中选择“Extended Primitives”(扩展基本体)选项，然后单击“ChamferBox”(切角长方体)按钮建立一个切角长方体模型，并按图 5-13 所示设定参数。

(2) 选中切角长方体，进入修改面板，在修改器列表中选择 FFD 3×3×3 修改器。图 5-14 所示为 FFD 修改器参数卷展栏。

注意：使用 FFD 修改器时，若被修改物体发生变形，必须对 FFD 的子物体“控制点”进行调整。可以使用移动、旋转、缩放工具直接对这些控制点进行调整。

(3) 在修改器堆栈中单击 FFD 3×3×3 修改器左边的“+”号，并在展开的子目录中选择“控制点”，如图 5-15 所示。

(4) 在工具栏中选择“选择并移动”工具，然后在视图中拖动控制点，结果如图 5-16 所示。

五、松弛修改器

松弛修改器可使对象的表面相邻的顶点变得均匀，进而使对象平滑。

进入修改面板，在修改器列表中选择“Relax”松弛修改器，即可展开其参数卷展栏。其中，各主要参数的意义如下。

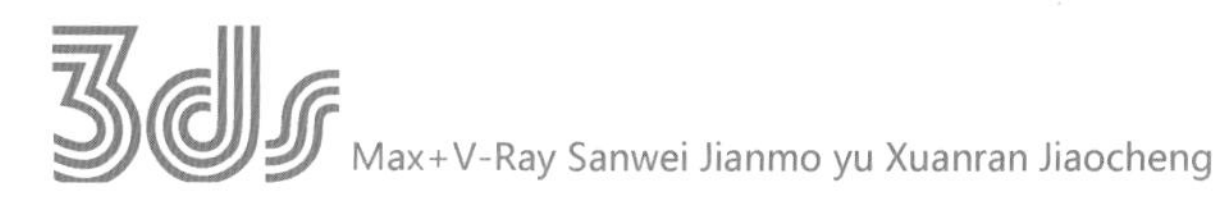

图 5-13　切角长方体参数卷展栏

图 5-14　FFD 修改器参数卷展栏

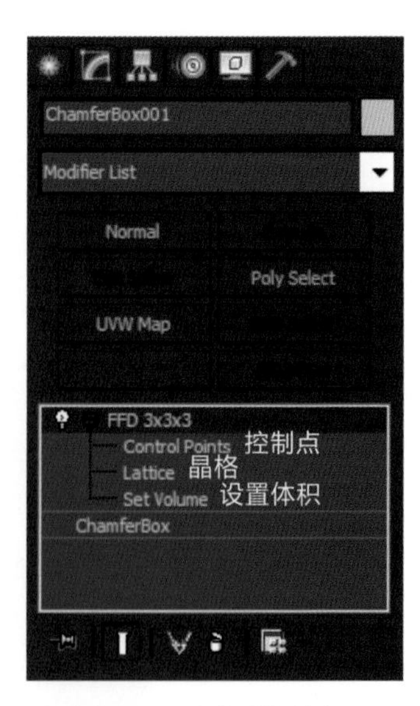

图 5-15　选择“控制点”

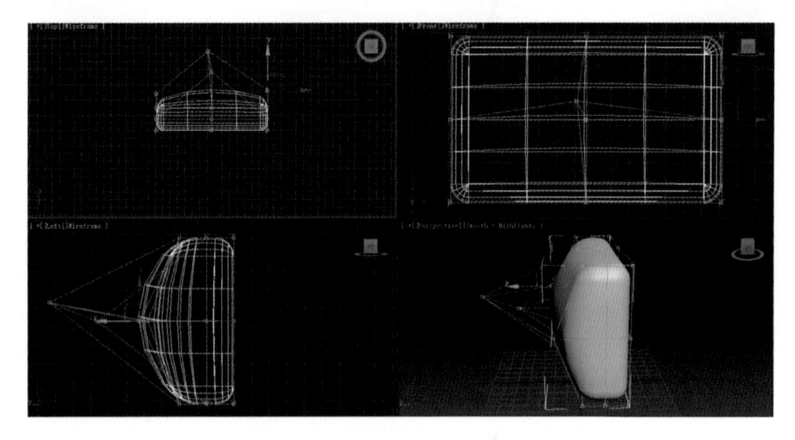

图 5-16　调整控制点后的物体造型

松弛值:可在－1.0～1.0 之间取值。当值为 0 时,对象没有变化;当值为负值时,对象会更加紧密、更加扭曲。

迭代次数:用于设定计算的次数。值越大,松弛效果越明显。

第三节 二维模型修改器

一、挤出修改器

挤出修改器可增加二维图像的深度,使二维图像转变成三维图像。在创建物体前首先绘制出对象的二维截面，然后挤出厚度即可。下面我们将使用挤出修改器来制作一个窗框。

（1）在工具栏中单击“图形”按钮进入对应的子面板，单击“Rectangle”按钮，在“Front”视图中创建一个长方形。（长宽设定为 1700 mm×1500 mm。）

（2）单击“Rectangle”按钮，在“Front”视图中的长方体内创建几个较小的长方形（长宽设定为 950 mm×350 mm 以及 400 mm×350 mm）作为窗洞，并按图 5-17 所示放置窗洞位置。

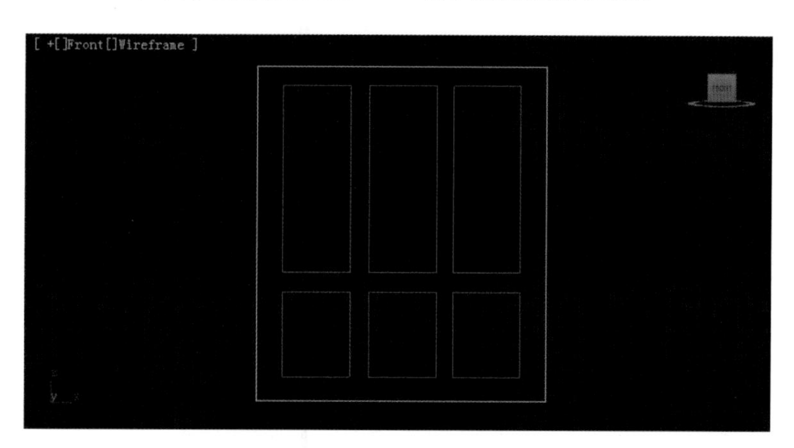

图 5-17　绘制好的二维图形

注意：在进行挤出前，先要将这两组二维图形结合成一个图形，这样挤出的模型才是窗洞被镂空的一个实体窗框。

（3）在视图中选择任意一个图形，然后进入修改面板，在修改器列表中选择“编辑样条线”修改器，在弹出的图 5-18 所示的“Geometry”（几何体）卷展栏中单击“Attach”（附加）按钮，再将鼠标移至视图中单击要结合的图形。现在将两组图形结合成一个图形。

（4）为这个图形对象添加“Extrude”（挤出）修改器，并通过对卷展栏中参数的调整来完成最后的挤出操作，如图 5-19 所示。

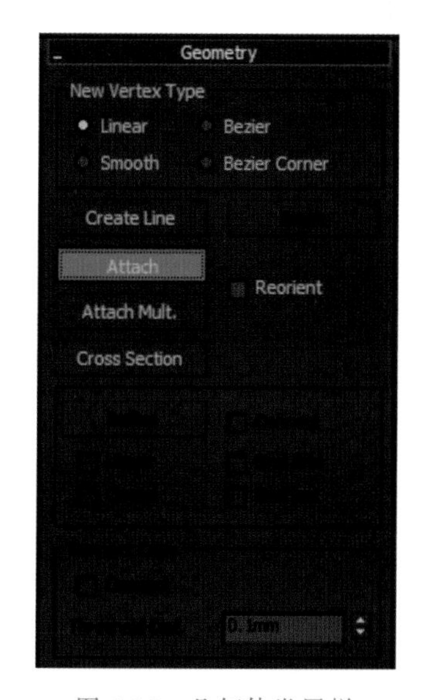

图 5-18　几何体卷展栏

图 5-19　挤出参数卷展栏

挤出修改器的主要参数包括数量和分段。

封口区域的参数用于设置是否将 3D 物体的两端封闭。

(5) 挤出生成的窗框效果如图 5-20 所示。

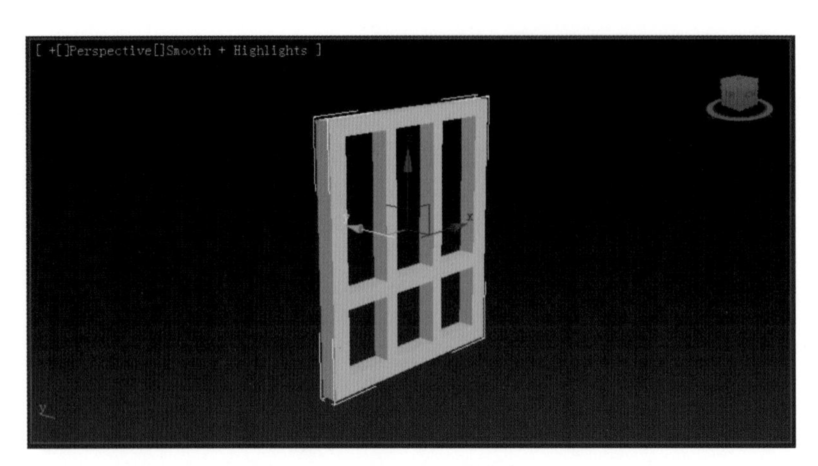

图 5-20　窗框效果图

二、车削修改器

车削修改器与挤出修改器一样,都是针对二维图形进行操作的一种修改器。车削修改器是通过车削的方法,利用二维截面模型生成三维实体,可以使用该修改器来构建三维实体模型。

下面将通过对一个三维实体的构建来了解车削修改器的使用方法。

(1) 绘制二维截面图形。进入创建面板的“图形”子面板,在“对象类型”卷展栏中单击“线”按钮,并在“Front”视图中绘制图 5-21 所示的二维截面造型。

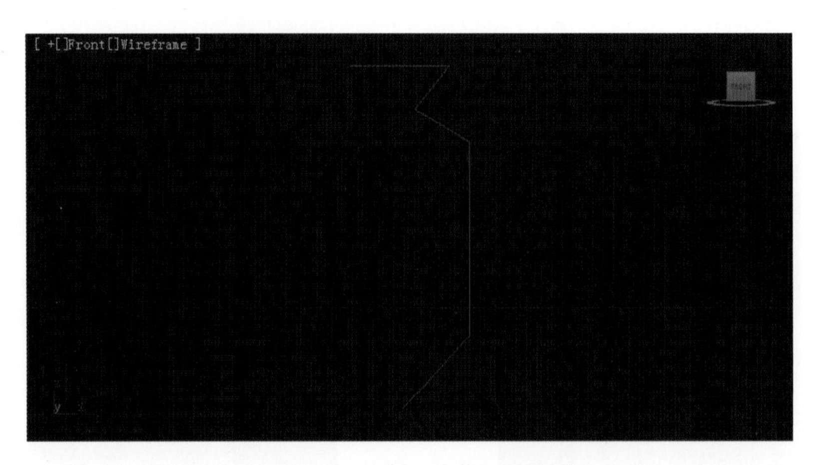

图 5-21　绘制二维截面图形

(2) 进入修改面板,在修改器列表中选择“Lathe”(车削)修改器,弹出“Lathe”(车削)修改器参数卷展栏,如图 5-22 所示。

度数:用于设置车削的度数,默认值为 360。

封口:该区域参数与挤出修改器的封口区域参数功能类似。

车削轴:用于选择车削轴。

对齐:用于对齐车削轴和对象的顶点。

(3) 车削完成的实体模型如图 5-23 所示。

图 5-22　车削修改器参数卷展栏

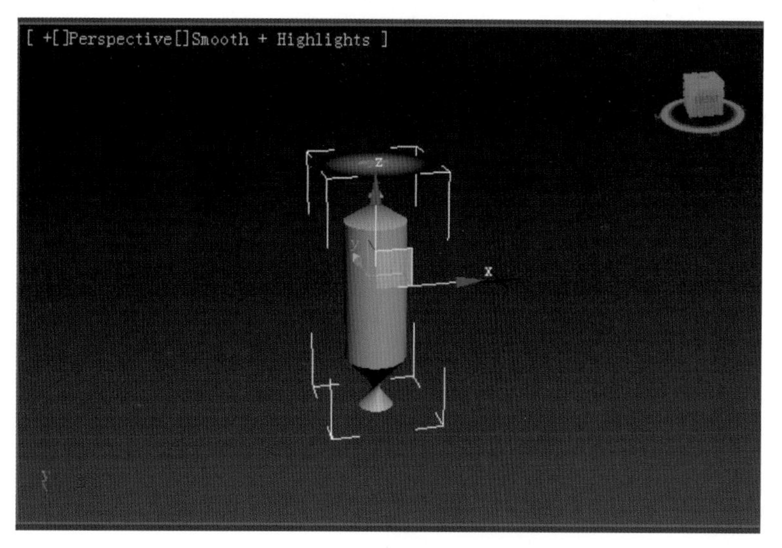

图 5-23　车削完成的实体模型

(4) 这显然不是我们想要的结果,因此在参数卷展栏中单击“对齐”区域中的“中心”按钮,可以得到图 5-24 所示的实体模型。

(5) 如果在参数卷展栏的“对齐”区域中单击“最小”按钮,实体模型将变为图 5-25 所示的效果。

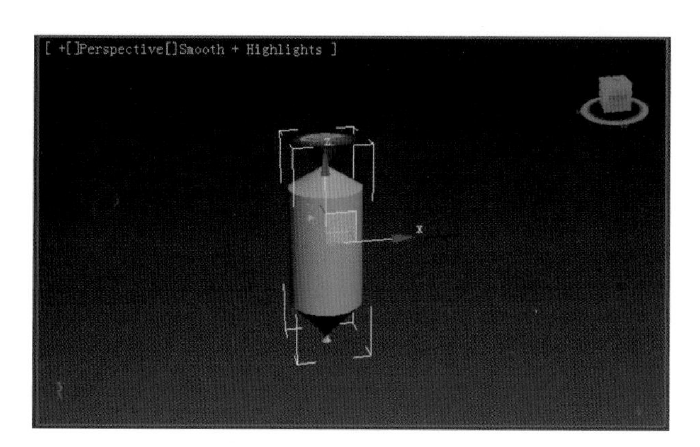

图 5-24　单击“中心”按钮后的效果

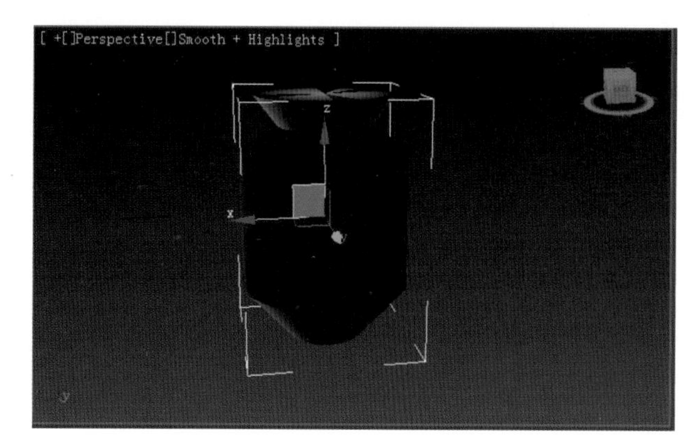

图 5-25　单击“最小”按钮后的效果

(6) 在“度数”区域中选择“焊接内核”和“翻转法线”选项,则生成效果如图 5-26 所示。

三、晶格化修改器

“Lattice”(晶格化)修改器通常用于做展架之类的网格状物体。

(1) 建立一个长方体,长方体要分线,才能做出晶格化的效果,如图 5-27 所示。

(2) 进入编辑面板,打开下拉菜单,选择“Lattice”选项。

(3) 调整选项如图 5-28 所示。

(4) 最终效果如图 5-29 所示。

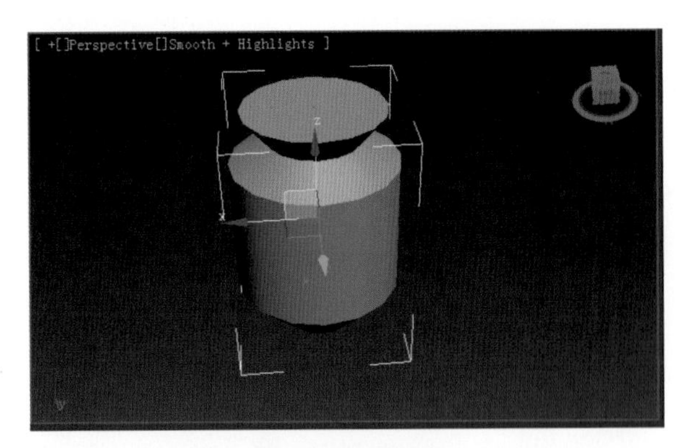

图 5-26　选择“焊接内核”和“翻转法线”后的效果

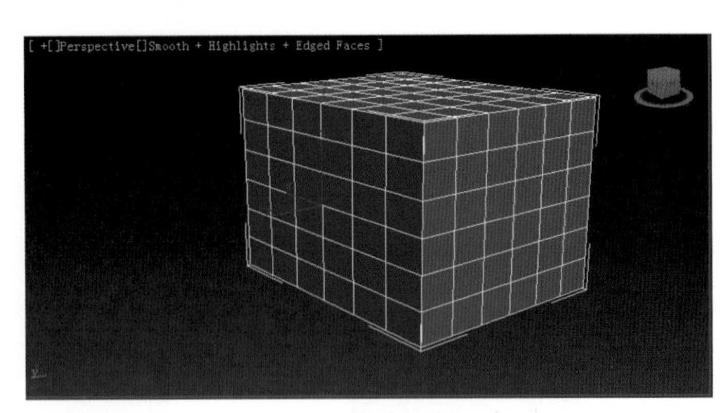

图 5-27　长方体分线

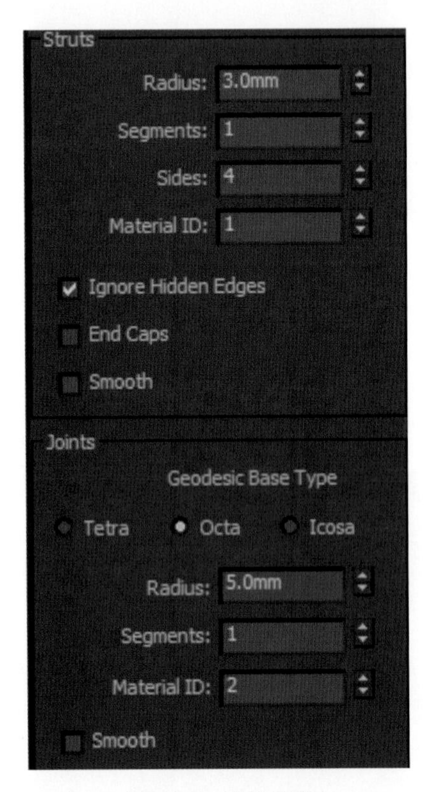

图 5-28　调整选项

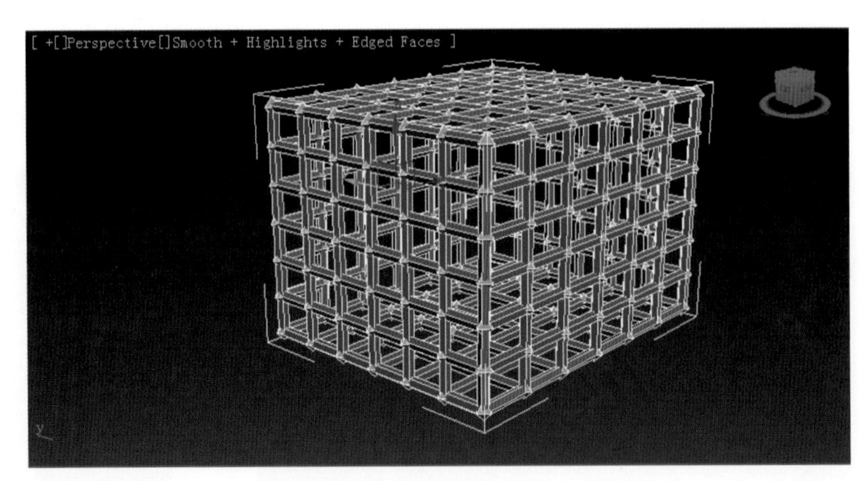

图 5-29　最终效果图

第六章

样条线建模实例

学习要点

- 样条线建模方法

下面以教学楼为例介绍样条线建模方法。

在建模之前，首先要仔细观察建筑图纸，分析出建模的最快方法。建模通常为渲染出的效果图服务，所以，我们只需把渲染出图时看到的两个面仔细地画出来，这样做可以节约面的计算时间。

步骤1：单击二维线面板，选中“Rectangle”，在前视图中随意画出一个长方形，然后将长、宽分别设为10500.0 mm和34800.0 mm，为南立面墙，如图6-1和图6-2所示。

步骤2：画墙上的窗洞，参照画南立面墙的方法，依据图纸画出一个长、宽分别为1750.0 mm和1500.0 mm的小长方形，并且使小窗口和南立面墙在同一个平面上。

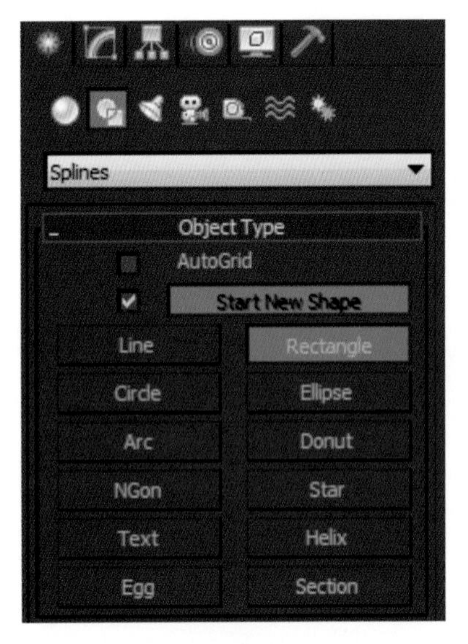

图6-1　步骤1(1)

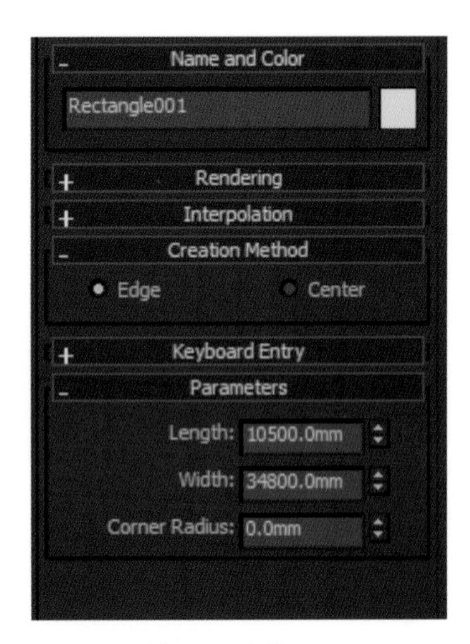

图6-2　步骤1(2)

步骤3：将小长方形复制3个，选择“Copy”，单击移动工具，沿x轴平移1000 mm，三个为一组，如图6-3所示。

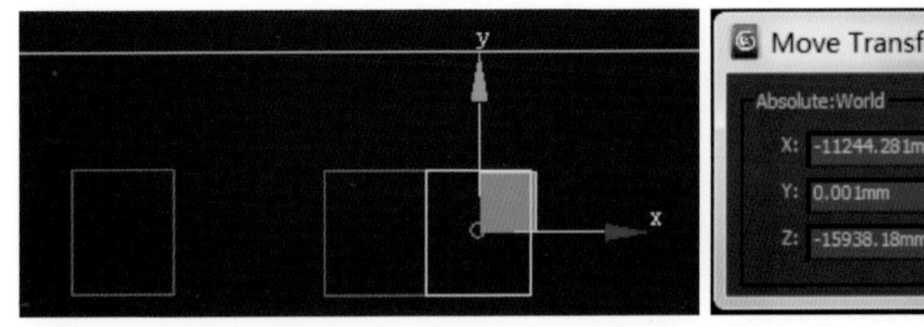

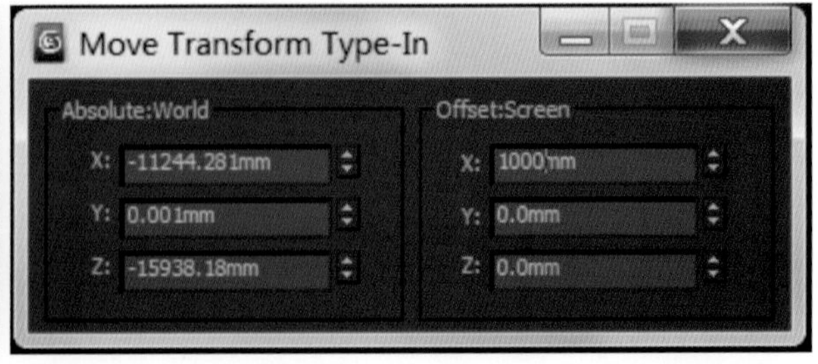

图6-3　步骤3

步骤4：三个为一组放置在墙面的左下角，按照图纸比例进行平移，如图6-4所示。

步骤5：将窗户排列好之后，单击墙面的外框，然后在修改面板中单击“Edit Spline”。在“Edit Spline”下拉列表中选择“Attach”，然后单击小窗口的外框，使其成为一体，如图6-5所示。

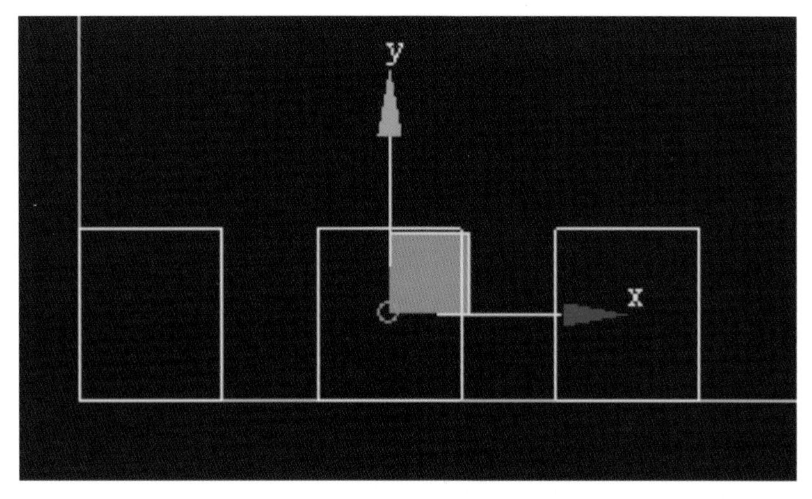

图 6-4　步骤 4

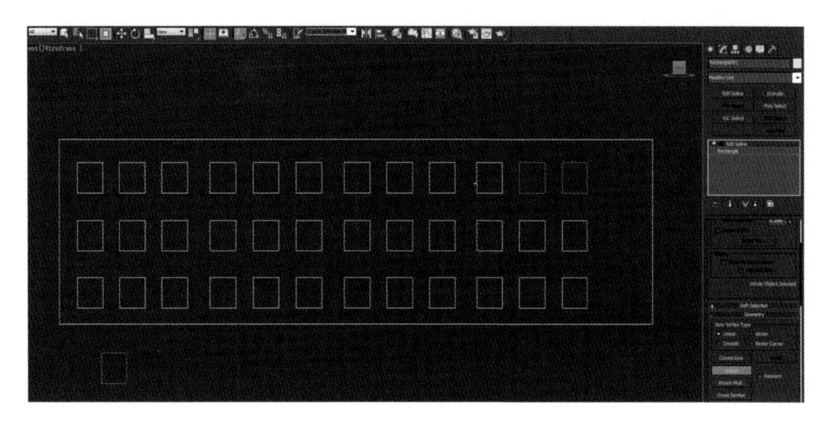

图 6-5　步骤 5

步骤 6:按照以上方法,画出南立面墙上面的四个小窗户,并与南立面墙 Attach,如图 6-6 所示。

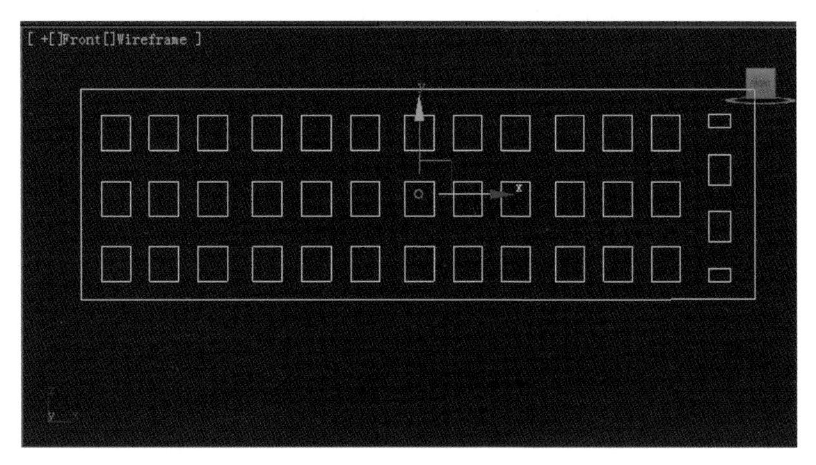

图 6-6　步骤 6

步骤 7:选中整体墙面,单击"Extrude",在下方的厚度栏里输入 370 mm,结束命令,如图 6-7 所示。

步骤 8:为做好的窗框附上材质(见图 6-8)。单击附材质选项,选取一个材质球,将材质器转换成 V-RAY Mlt。

步骤 9:上一步中材质附上去后,要给它加上一个 UVW MAP 命令。估算出贴图大小在图上为 790.124

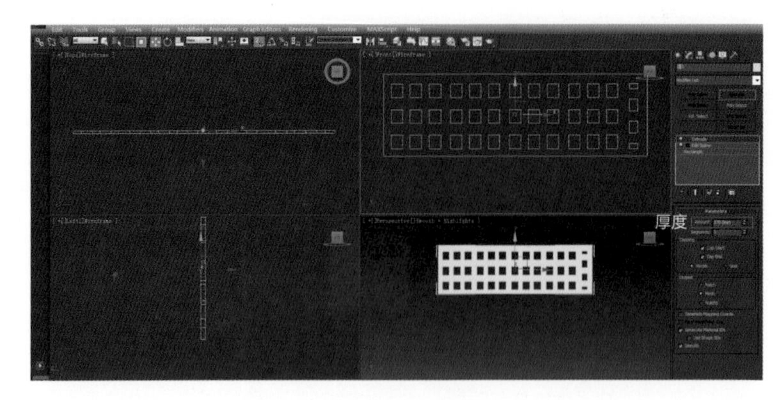

图 6-7　步骤 7

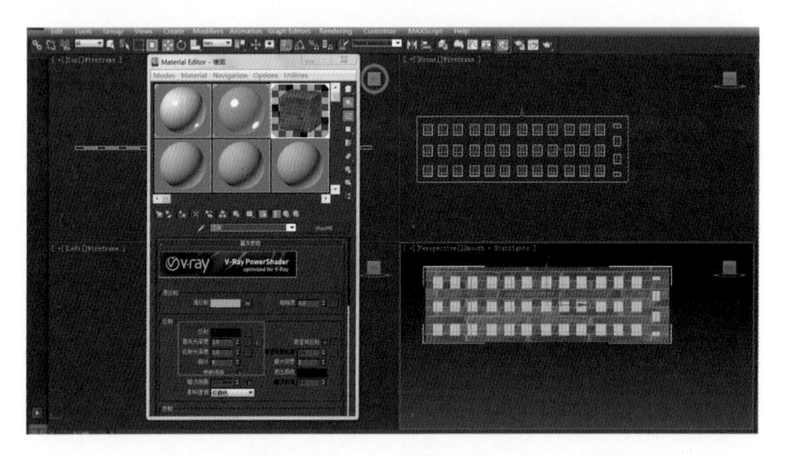

图 6-8　步骤 8

mm×790.124 mm×790.124 mm,如图 6-9 所示。

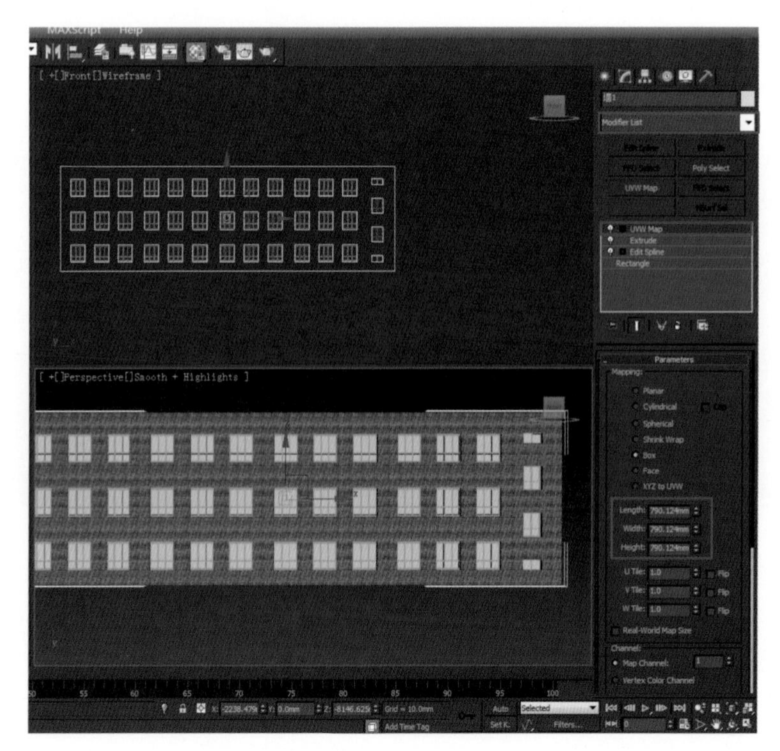

图 6-9　步骤 9

步骤 10:从之前做的窗户模板中导入一个窗户模型,如图 6-10 所示。

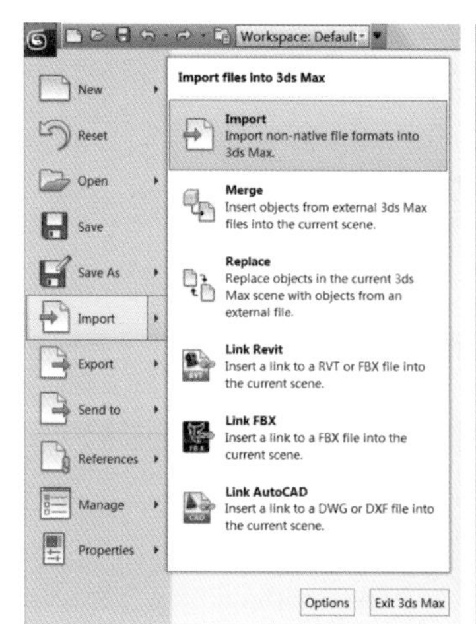

图 6-10 步骤 10

步骤 11:将窗户复制至各个窗洞,如图 6-11 所示。

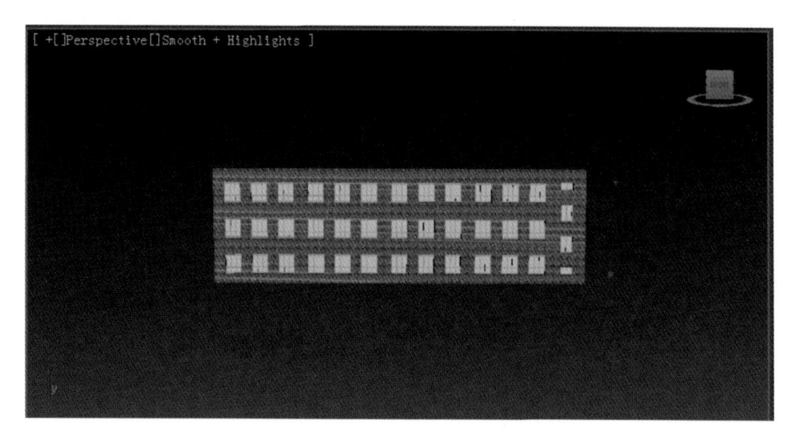

图 6-11 步骤 11

步骤 12:南立面墙的主体墙面做好了之后,需要做一个砖墙面来连接主体墙和次墙,这个面就是单纯的立方体。单击创建面板中的二维线面板,单击“Rectangle”。在左视图上画出一个长方形,输入长、宽值为 10500 和 4800。然后用 Extrude 挤压出厚度 370 mm。按照给主体墙附材质的方法,给这个侧面墙附上材质,如图 6-12 所示。

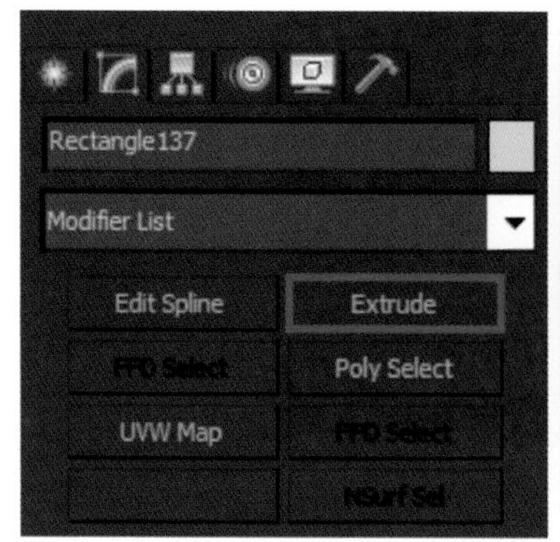

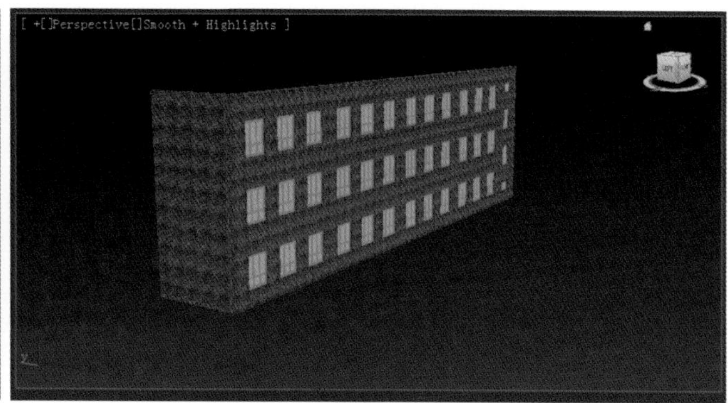

图 6-12 步骤 12

步骤 13:主墙和侧墙创建好之后,就可以开始创建次墙了。将次墙面上面的窗洞按照尺寸画出来,然后用布尔运算把门画出来,如图 6-13 所示。

步骤 14:整个墙体的另一面与南立面墙的做法一致。

步骤 15:顶面。单击二维线面板中的"Line"按钮,将顶部的外轮廓勾勒一遍,每个点都要对齐,这样在渲染的时候才不会出现黑边的情况。勾勒完时,系统会提示"是否闭合曲线?",单击"是"按钮,如图 6-14 所示。

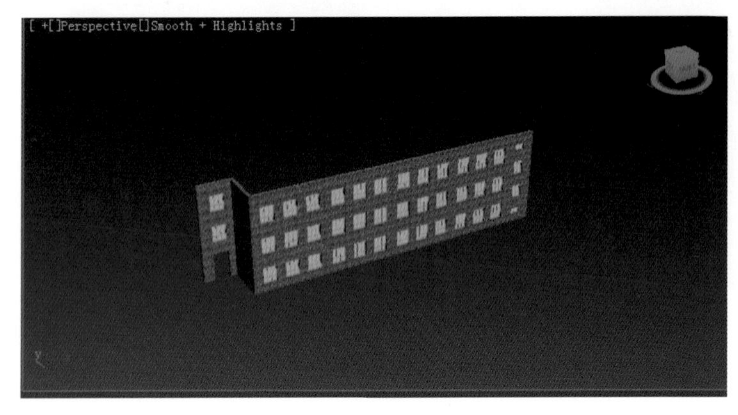

图 6-13　步骤 13

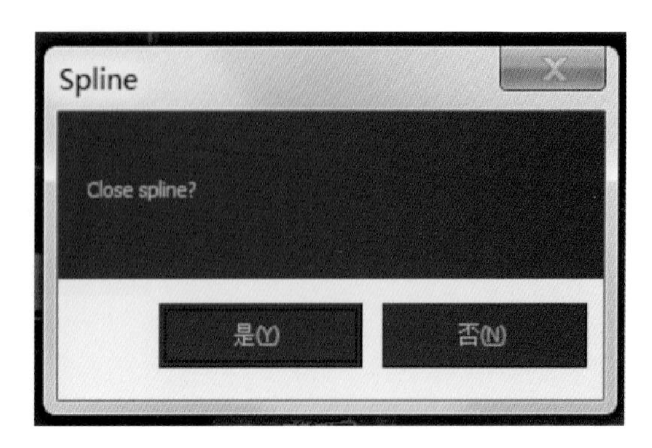

图 6-14　步骤 15

步骤 16:用 Extrude 将顶面挤压出来。

步骤 17:房顶上围栏的做法和顶面的类似,先单击"Line"按钮,将顶部的外轮廓勾勒一遍,每个点都要对齐,然后单击修改面板,选择线级别,在下方单击"Outline"按钮,输入墙体厚度 370 mm,如图 6-15 所示。

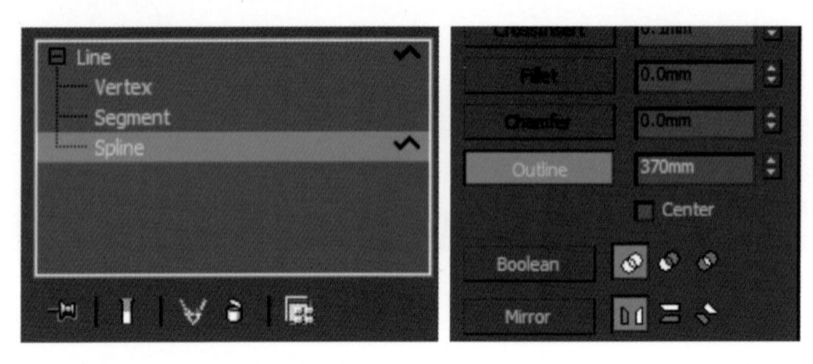

图 6-15　步骤 17

步骤 18:用 Extrude 将房顶上的围栏挤压出来,如图 6-16 所示。

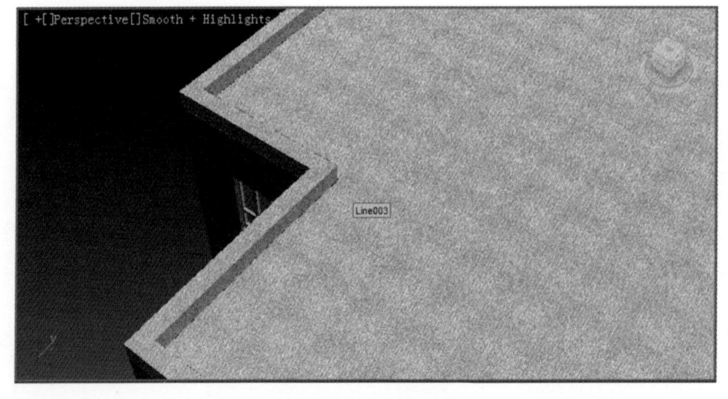

图 6-16　步骤 18

步骤 19:底部的水泥墙面和顶部围栏的制作方法一样。

步骤 20:教学楼主体完成图,如图 6-17 所示。

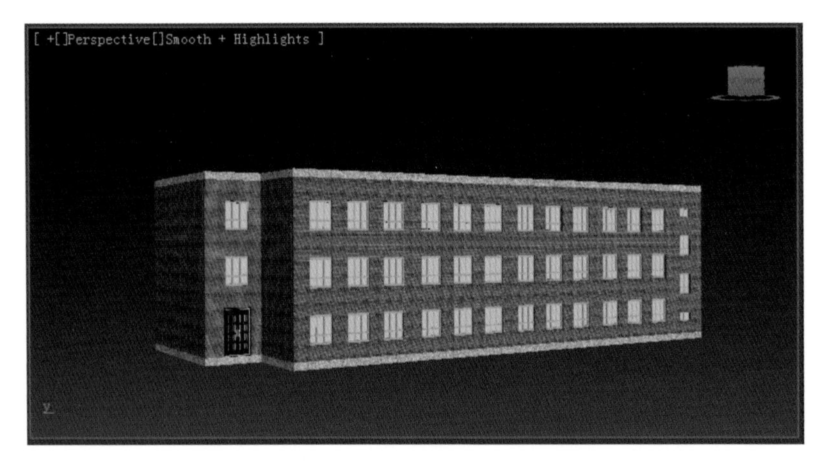

图 6-17　步骤 20

步骤 21:门的下方还有几阶台阶。首先用二维线面板中的 Rectangle 工具,画出三个小的长方体作为辅助,为台阶的每一个转折,如图 6-18 所示。

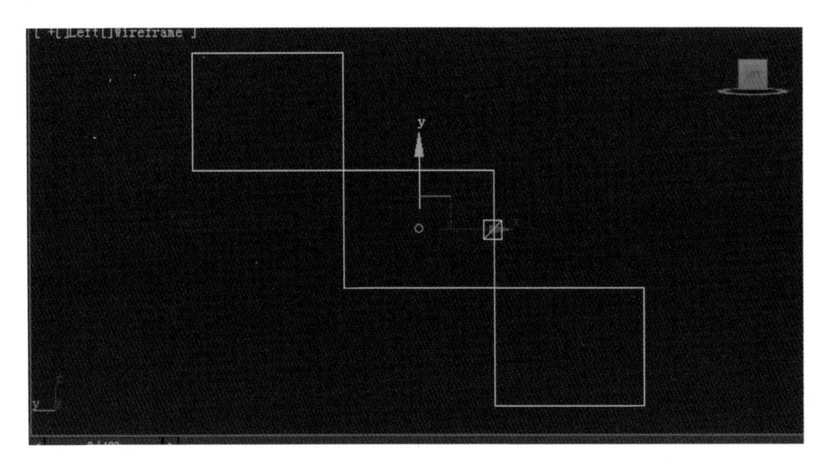

图 6-18　步骤 21

步骤 22:单击二维线面板中的“Line”按钮,将顶部的轮廓勾勒一遍,选择闭合曲线,如图 6-19 所示。

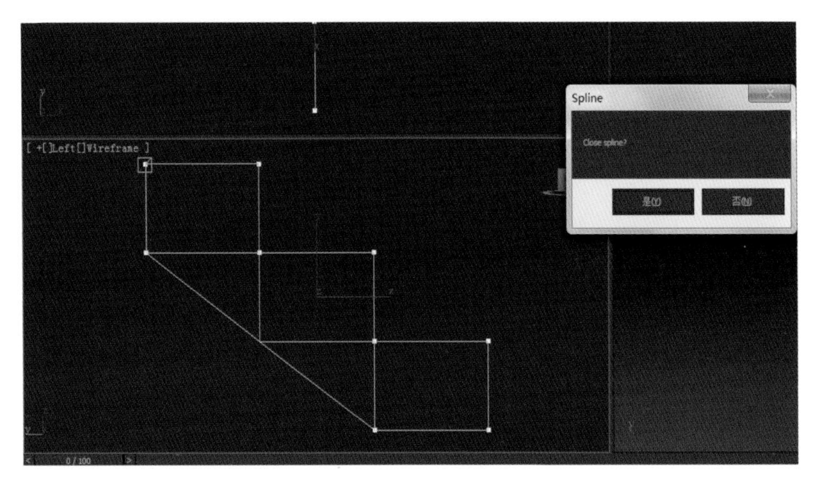

图 6-19　步骤 22

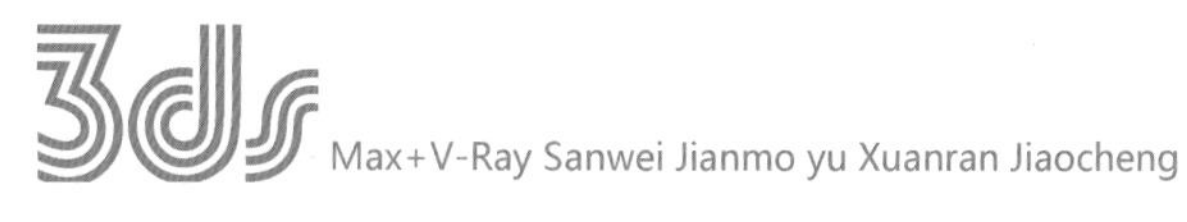

步骤 23:删去一开始的三个方形,如图 6-20 所示。

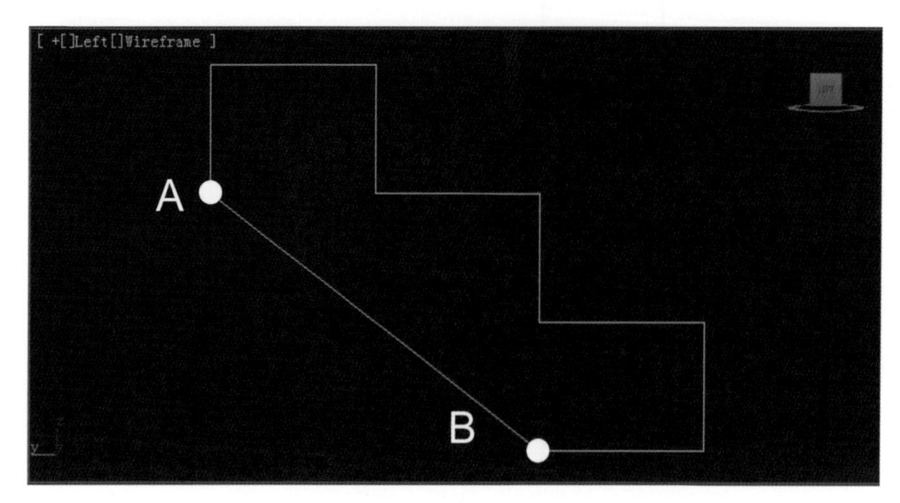

图 6-20　步骤 23

步骤 24:使用对齐工具将楼梯的 A、B 两个点对齐,使角 A 成为一个直角。

步骤 25:将楼梯线框按照尺寸进行挤压,如图 6-21 所示。楼梯贴图之后的成品如图 6-22 所示。

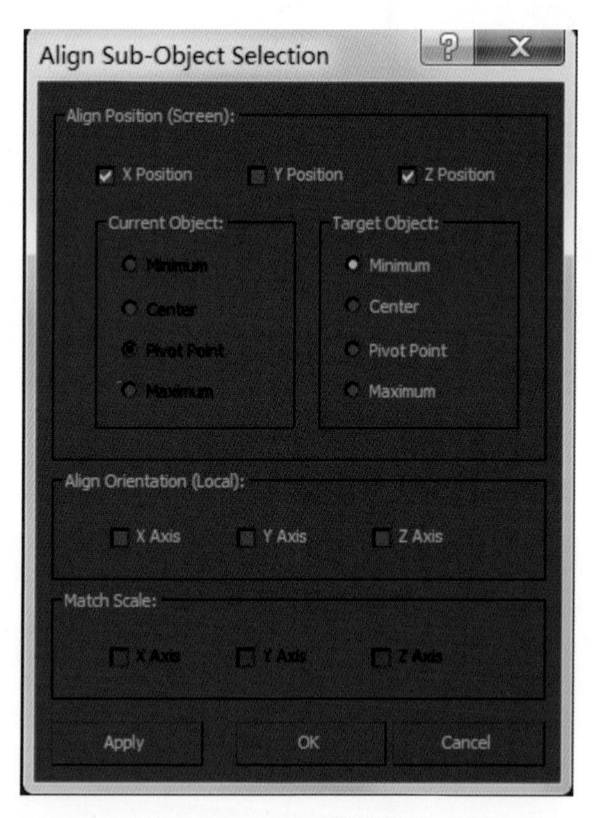

图 6-21　步骤 25

步骤 26:用制作窗户的方法制作道路下方的楼梯,留出道路的空隙。画出道路的走向,复制三个(备用),选择一个和大地线框 Attach,再挤压(见图 6-23)。通常马路为 10 m,算上两侧人行道 4 m,共 14 m。

步骤 27:用刚才的线框挤压出道路的面片,比大地略低,留出人行道的高度。再选择备用的最后一个线框,单击线级别中的“Outline”按钮,外扩 2000 mm 做人行道,附上材质,如图 6-24 所示。

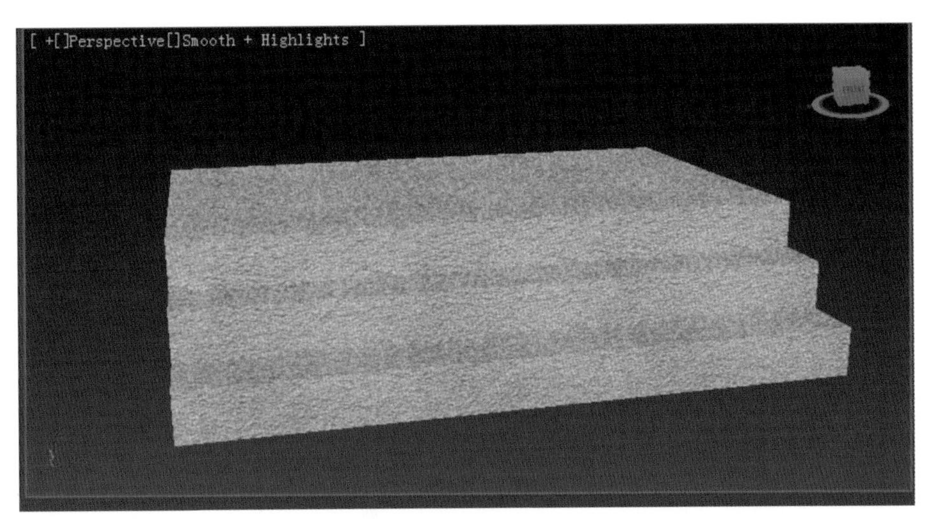

图 6-22　楼梯贴图之后的成品

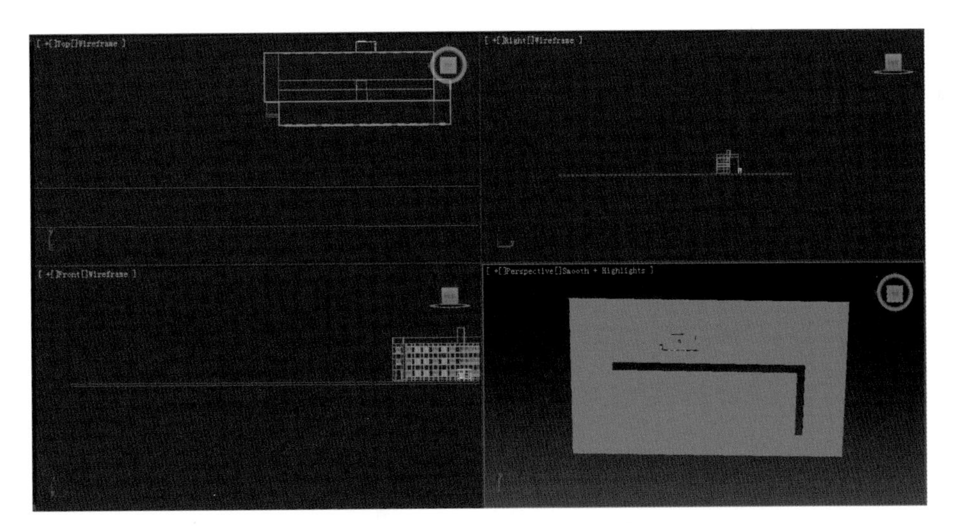

图 6-23　步骤 26

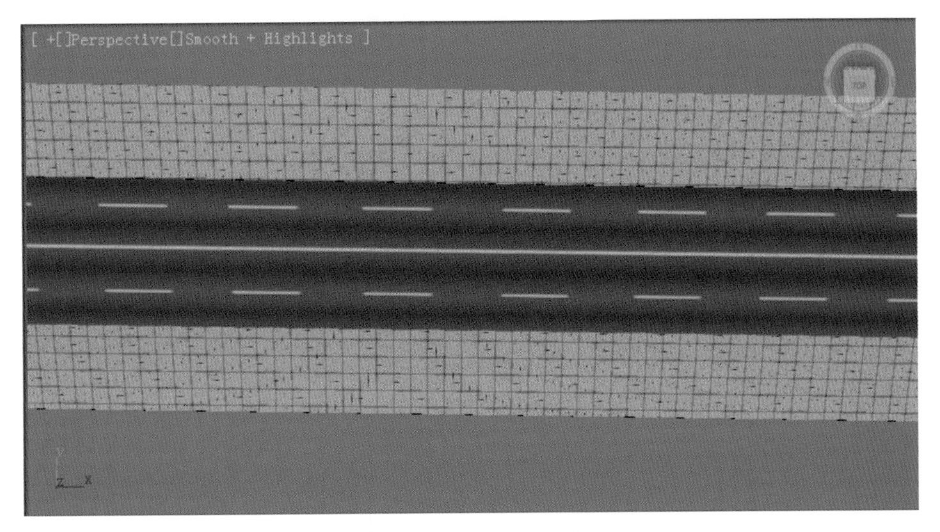

图 6-24　步骤 27

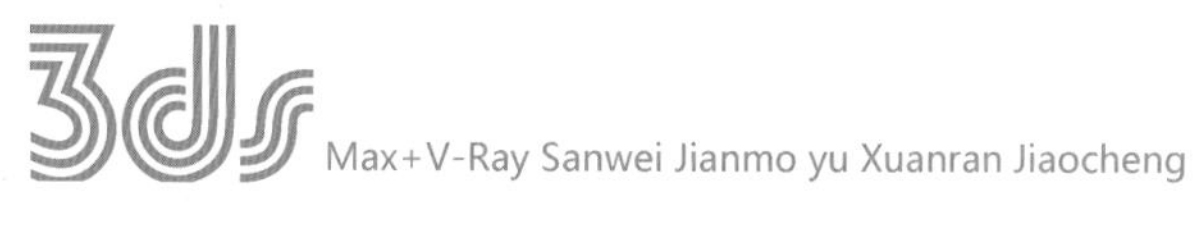

步骤 28:拖入路灯和树木的模型,打上摄像机,如图 6-25 所示。

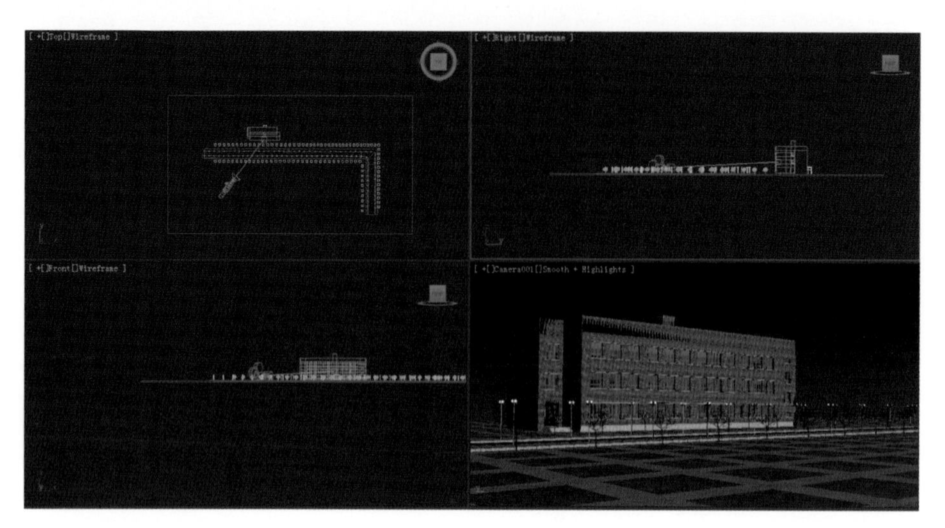

图 6-25　步骤 28

步骤 29:建模做好成品,如图 6-26 所示。

图 6-26　建模做好成品

3ds Max+V-Ray Sanwei Jianmo yu Xuanran Jiaocheng

第七章

高级多边形建模实例

学习要点

• 高级多边形建模方法

多边形建模是较为传统和经典的一种建模方式。3ds Max 多边形建模方法比较容易理解，非常适合初学者学习，并且在建模的过程中用户会有更多的想象空间和可修改余地。

3ds Max 有 Editable Poly(可编辑多边形)功能，其优点是制作的模型占用系统资源少，运行速度快，在较少的面数下可制作较复杂的模型。它将多边形划分为三角面，可以使用编辑网格修改器或直接把物体塌陷成可编辑网格。其中涉及的技术主要是推拉表面构建基本模型，最后增加平滑网格修改器，进行表面的平滑和提高精度。这种技法大量使用点、线、面的编辑操作，对空间控制能力要求比较高，适合创建复杂的模型。

下面以学校机房为例来讲解。

步骤 1：用 Box 工具画一个长方体(长 12000 mm、宽 6800 mm、高 4000 mm 为学校机房的大致尺寸)。选择编辑面板，在下拉菜单中选择"Normal"，将 Box 的六个面向内，如图 7-1 所示。

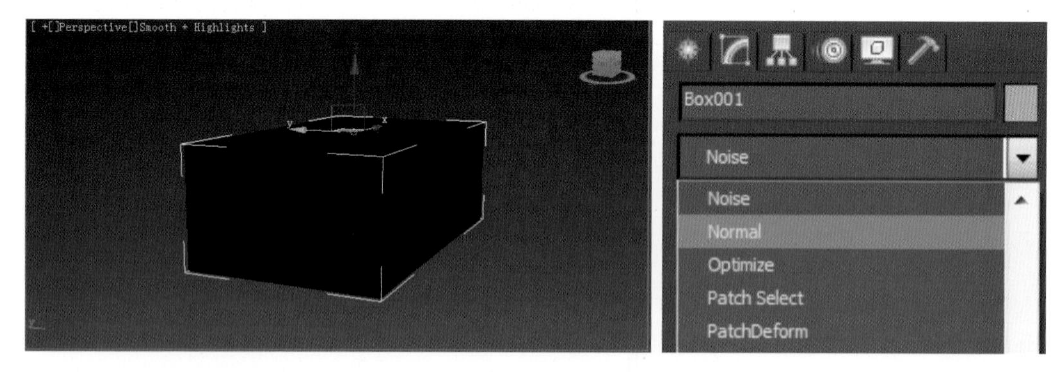

图 7-1　步骤 1

步骤 2：选择画好的长方体，单击鼠标右键，选择"Convert To"，选择"Convert to Editable Poly"，使盒子变成可编辑面片，如图 7-2 所示。

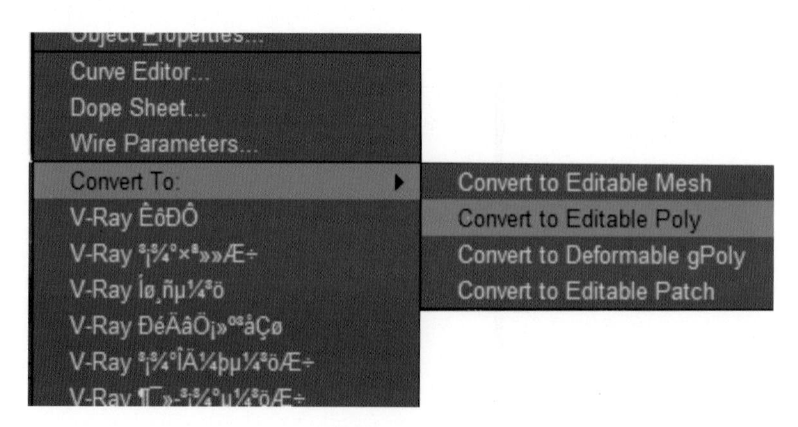

图 7-2　步骤 2

步骤 3：在编辑面板中，选择 Polygon 级别，再单击 Box 的一个面，选择 Detach，将面片和整体分离开。

步骤 4：选中刚才分离开的面片，用隐藏工具将分离面片隐藏起来，便于之后操作，如图 7-3 所示。

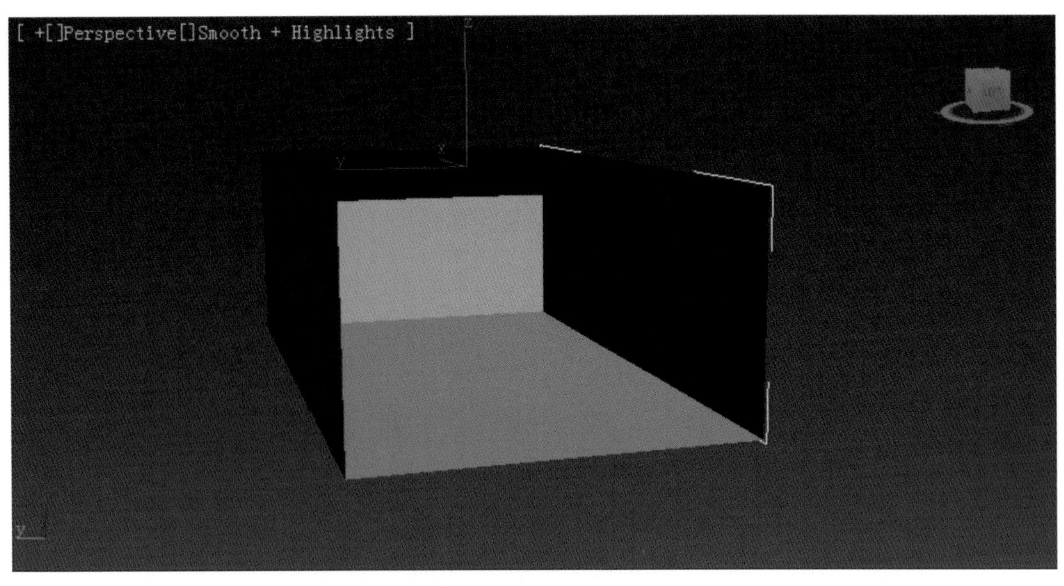

图 7-3 步骤 4

步骤 5：下面开始制作有门的一面墙。先将其从整体中分离出来，并将其余部分隐藏起来，如图 7-4 所示。

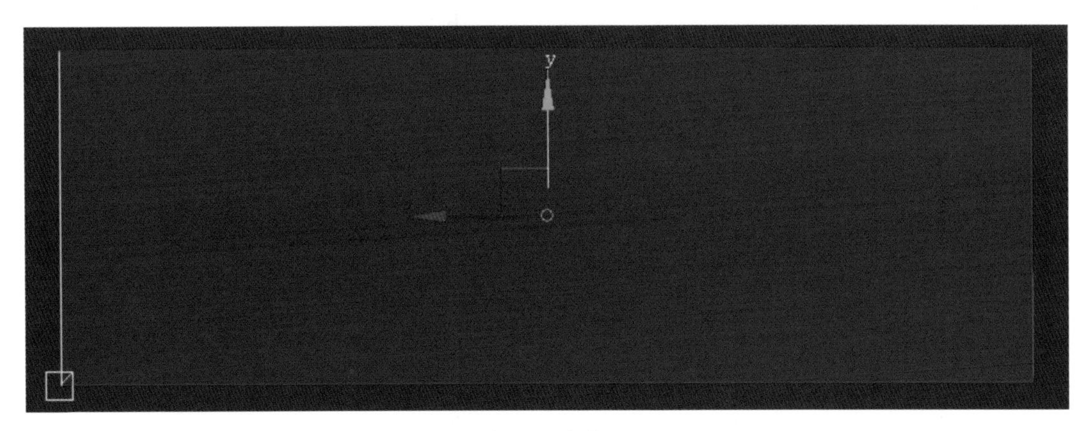

图 7-4 步骤 5

步骤 6：在墙上用 Connect 工具把窗户的边框线分割出来，按尺寸平移，效果如图 7-5 所示。

图 7-5 步骤 6

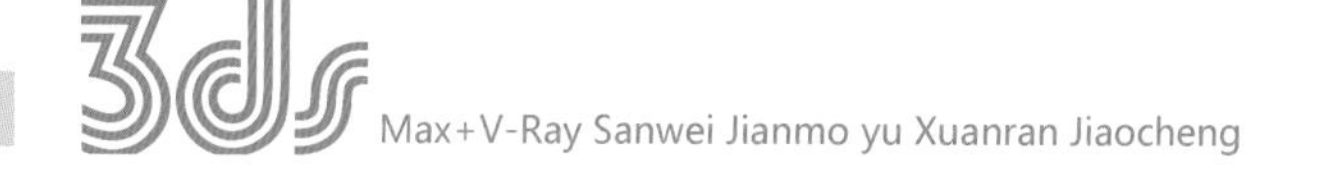

步骤 7:将三个窗户和整个墙体分离开来。保留一个窗户,其余两个删去,只需要做一个,其余两个可以直接复制。

步骤 8:按照窗户分线的方法,将保留的窗户面片用 Connect 工具四等分,之后在编辑面板中选择 Polygon 级别,用 Bevel 工具压缩出边框。需要选中"By Polygon"才能挤压出一般窗户边框的形状,如图 7-6 所示。

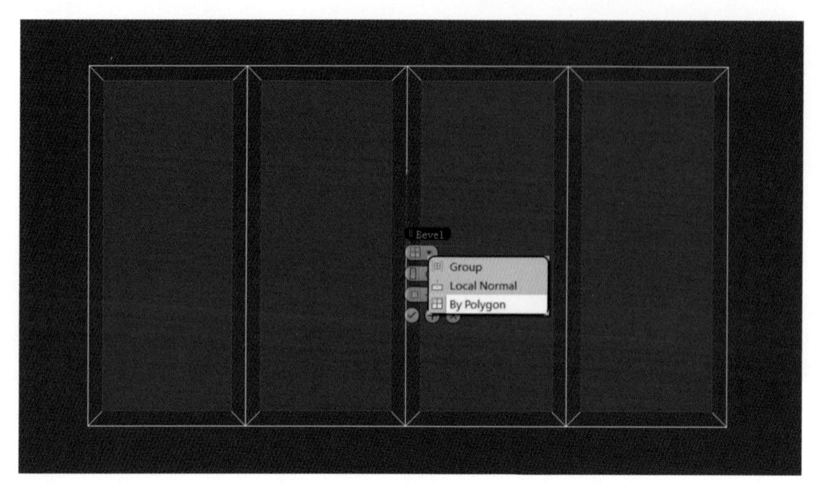

图 7-6　步骤 8

步骤 9:用 Polygon 级别中的 Extrude 将窗框的厚度挤压出来,厚度大约为 50 mm。

步骤 10:将四个面从窗框上面分离出来,用 V-Ray 贴图,使其成为玻璃,并将窗户群组后复制到各窗洞,如图 7-7 所示。

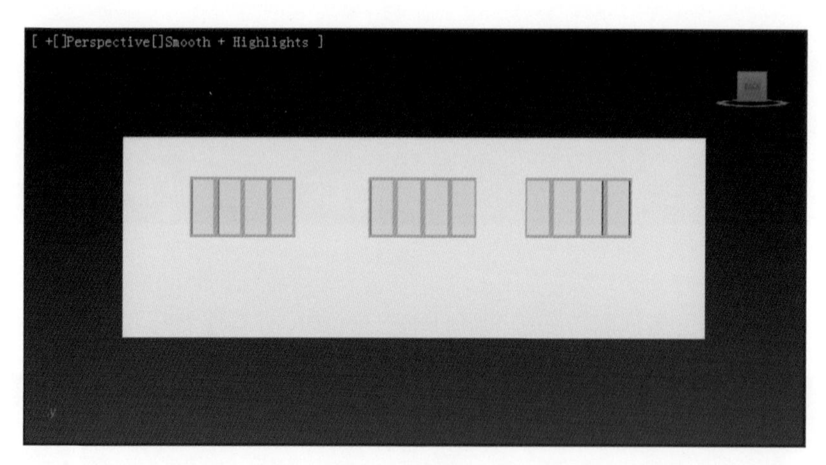

图 7-7　步骤 10

步骤 11:选中含有门的两个面片,用 Polygon 级别中的 QuickSlice(快速裁剪)将门分割出来后按尺寸移动到相应位置,如图 7-8 所示。

注意:分割出的点只能在该区域内移动,不能超出确定的范围,否则就会把墙扯破。

步骤 12:对门进行挤压,用 Bevel 工具做出门框厚度,用 Extrude 工具做出门洞的厚度,如图 7-9 所示。

步骤 13:将门板面片从整体中 Detach(分离)出来,便于用 V-Ray 贴图。后门的绘制方法同前门的一样,如图 7-10 所示。

步骤 14:下面开始做踢脚线,用 Polygon 级别中的 QuickSlice(快速裁剪)分割出踢脚线,用 Extrude 工具将

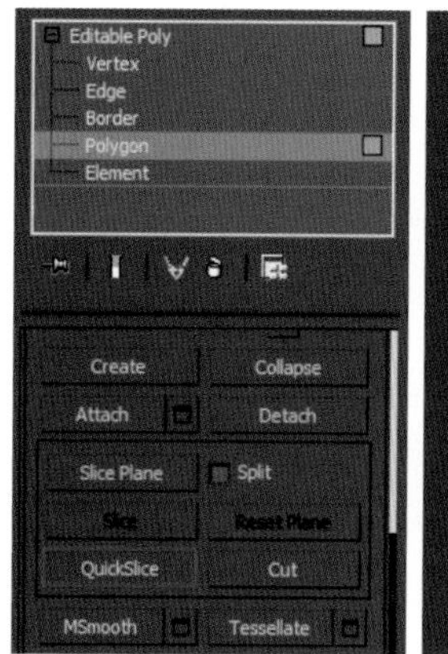

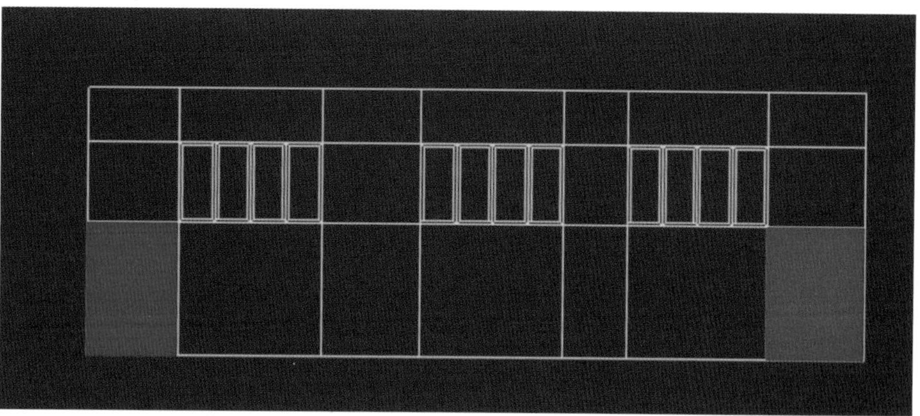

图 7-8 步骤 11

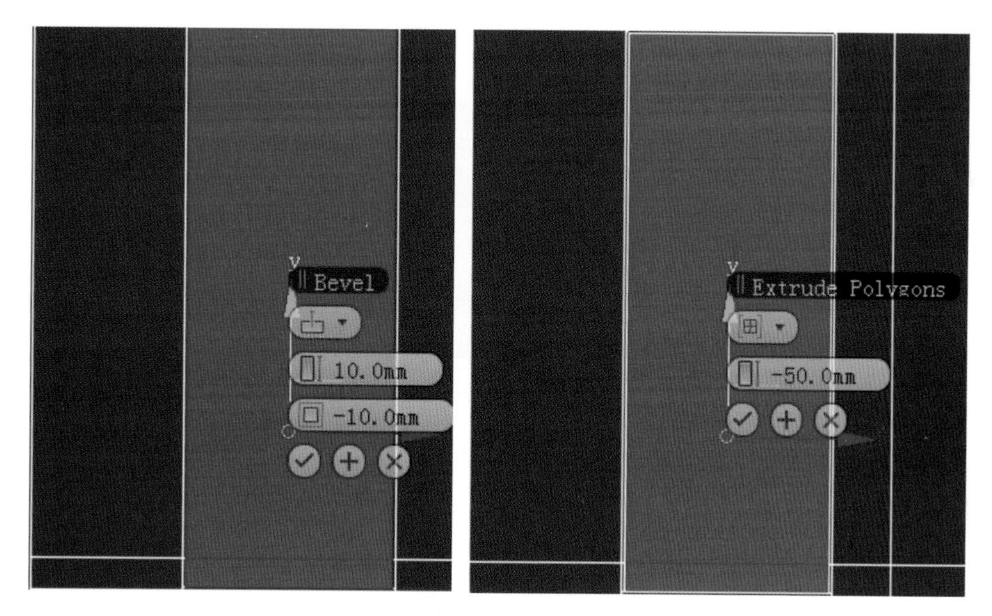

图 7-9 步骤 12

图 7-10 步骤 13

踢脚线挤压出来，踢脚线的高度为 100 mm，厚度为 20 mm，之后贴图，效果如图 7-11 所示。

图 7-11 步骤 14

步骤 15：按照之前做窗户的方法将另外一面窗户做出来。此前设定的墙的长度为 12000 mm，墙上有 5 面窗户，窗户单格尺寸为长 2000 mm、宽 1500 mm，如图 7-12 所示。

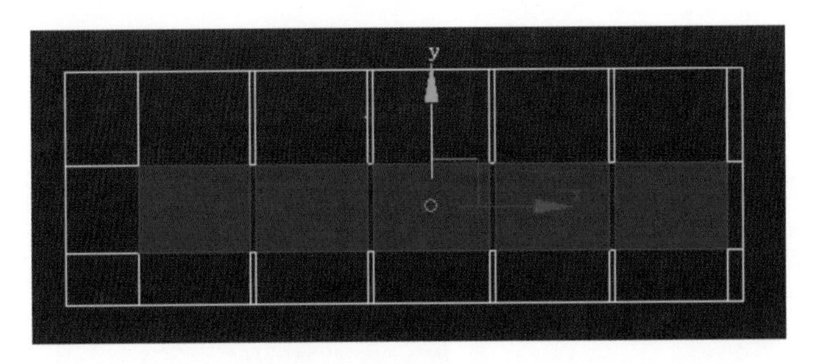

图 7-12 步骤 15

步骤 16：将窗户面片从墙整体上 Detach(分离)出来。保留一个，删去其他。使用 Connect 工具可以直接分割出 4 个等大的长方形，再用 Polygon 级别中的 QuickSlice(快速裁剪)将上方小窗户分割出来后按尺寸移动到相应位置。用 Bevel 工具对分割好的窗户面片进行挤压。再用 Extrude 工具挤压出 50 mm 作为窗框，如图 7-13 所示。

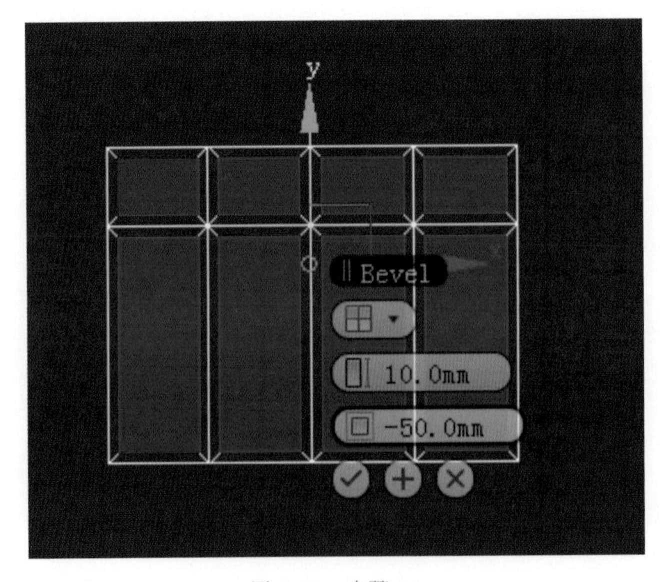

图 7-13 步骤 16

步骤 17:将面片从窗框中分离出来,作为玻璃,如图 7-14 所示。

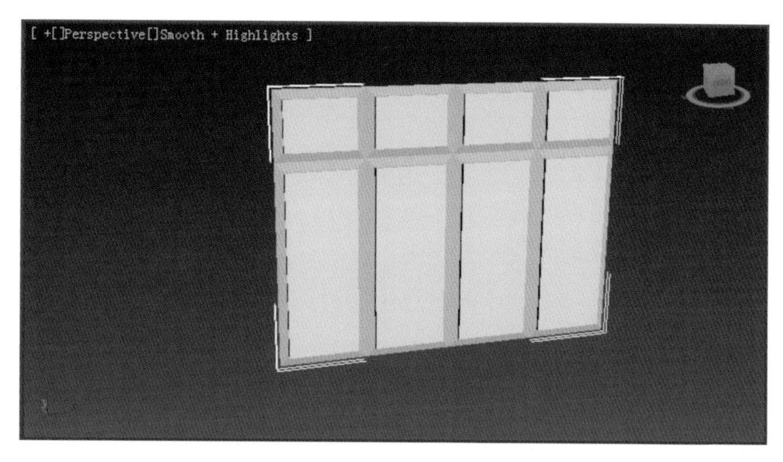

图 7-14 步骤 17

步骤 18:将窗户群组,复制到各个窗洞,如图 7-15 所示。

图 7-15 步骤 18

步骤 19:下面开始做房梁,方法是通过对一面墙上面的面片进行挤压,连接另一面墙。在窗户较多的一面墙上分线较为简单。每个窗户上方对应一个房梁。选中窗户上方面片,用 Polygon 级别中的 QuickSlice(快速裁剪)定出房梁的高度,如图 7-16 所示。

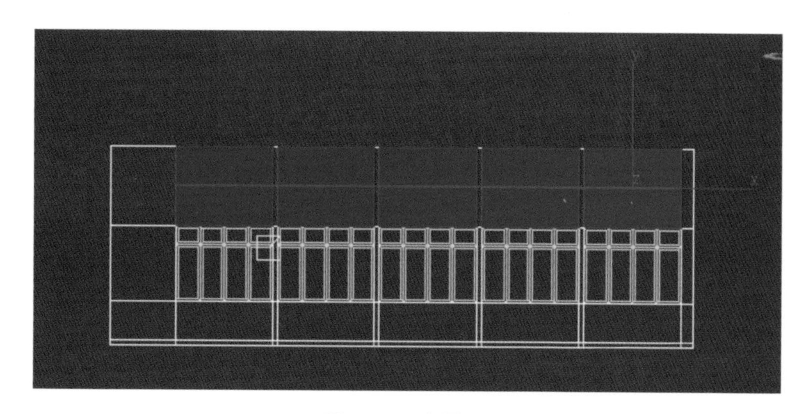

图 7-16 步骤 19

步骤 20:如图 7-17 所示,分割面片的上半部分,分割出房梁的形状。进行挤压,使整个机房的宽度为 6800 mm。

图 7-17 中有一个没有选上,它要挤压的尺寸和其他四个不一样,因为它所对应的墙体有个突出的柱体。

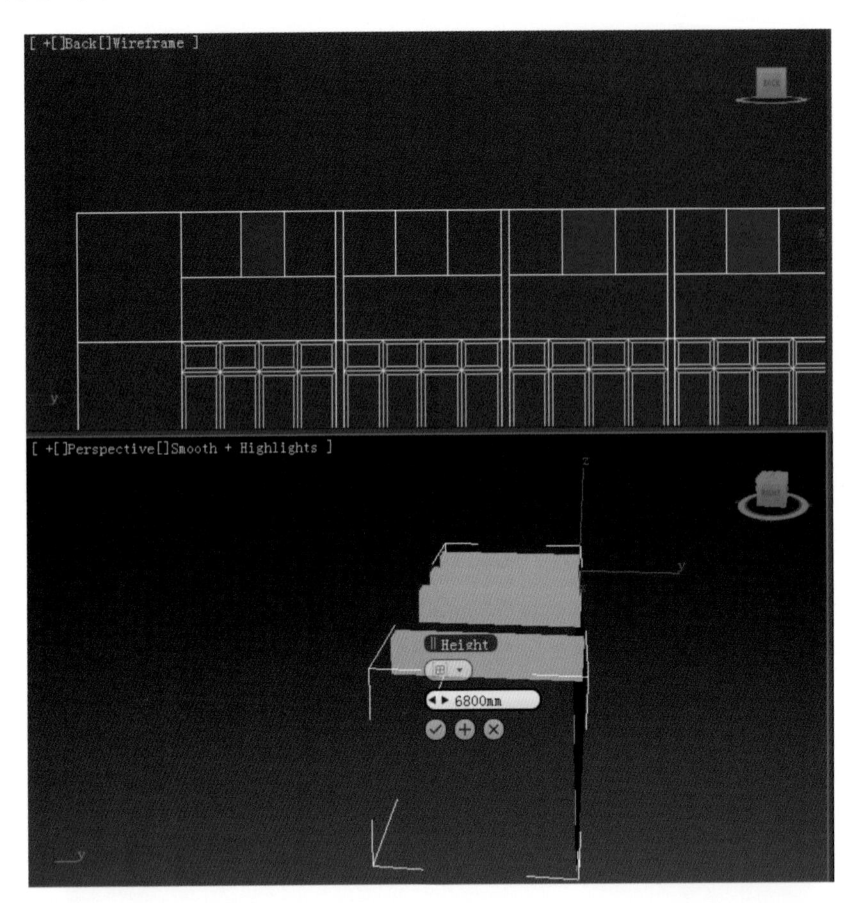

图 7-17　步骤 20

步骤 21:将挤压出来的和对面墙体相重合的片面删去,避免渲染时出现黑边的情况,如图 7-18 所示。

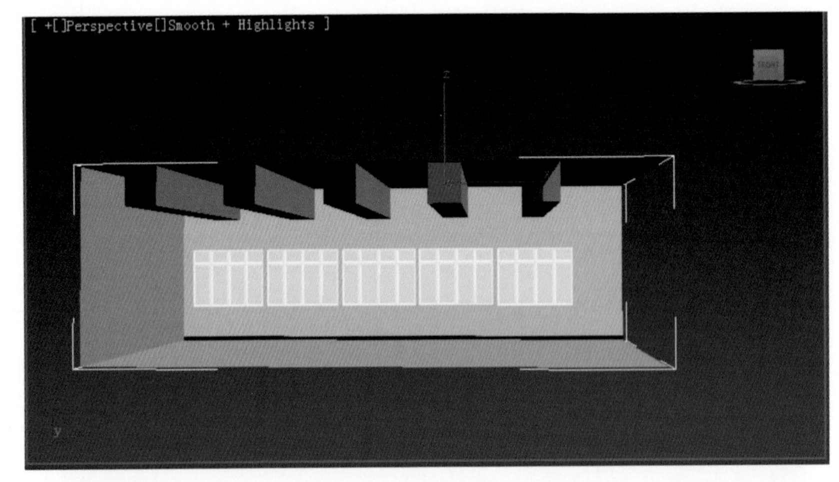

图 7-18　步骤 21

步骤 22:下面开始制作黑板。选中有黑板的那一面墙体,将其和整个 Box 分离,便于隐藏其他部分。选中面片,用 Connect 工具分割出一个黑板,如图 7-19 所示。

步骤 23:黑板上有个外凸的铝制边框,所以首先要用 Extrude 工具向外挤压 50 mm,再用 Bevel 工具做出外框形状,最后向内挤压 30 mm,贴图,如图 7-20 所示。

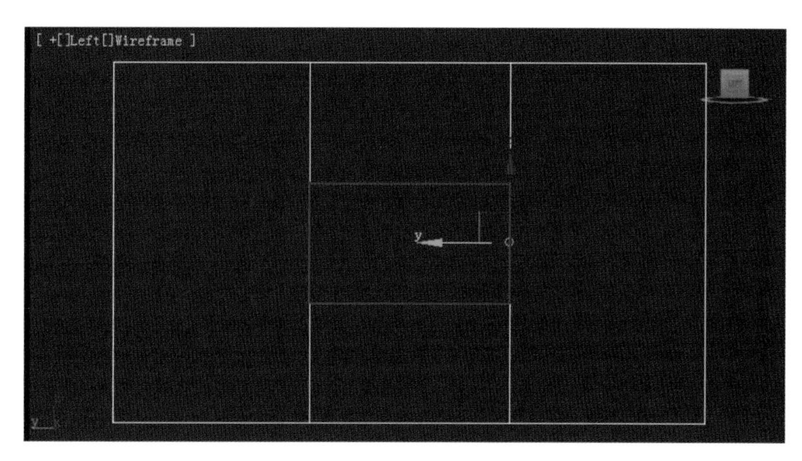

图 7-19 步骤 22

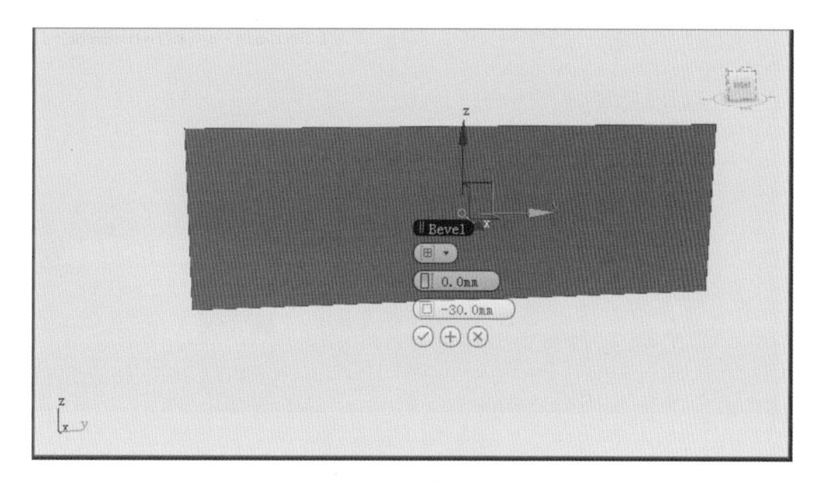

图 7-20 步骤 23

步骤 24:机房的内部已经做好,接下来往里面添加已经做好的灯、桌椅等即可,如图 7-21 所示。

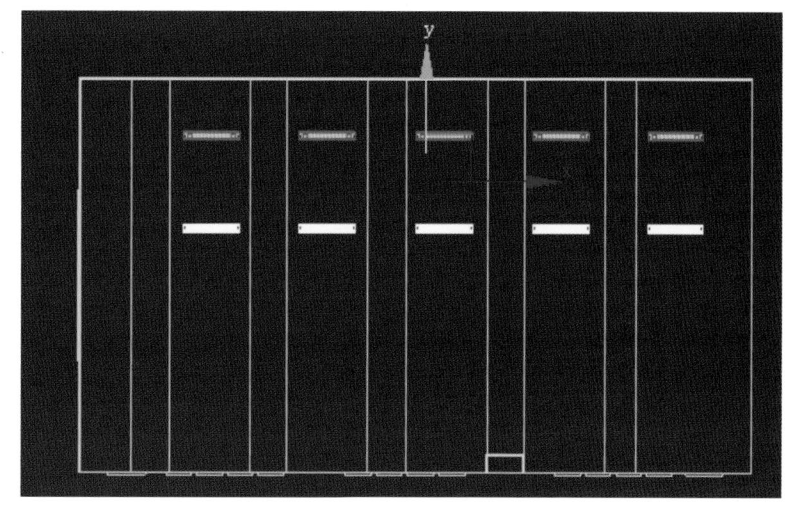

图 7-21 步骤 24

步骤 25:拖入所有模型的最终样品,如图 7-22 所示。

步骤 26:建模后打上摄像机的效果,如图 7-23 所示。

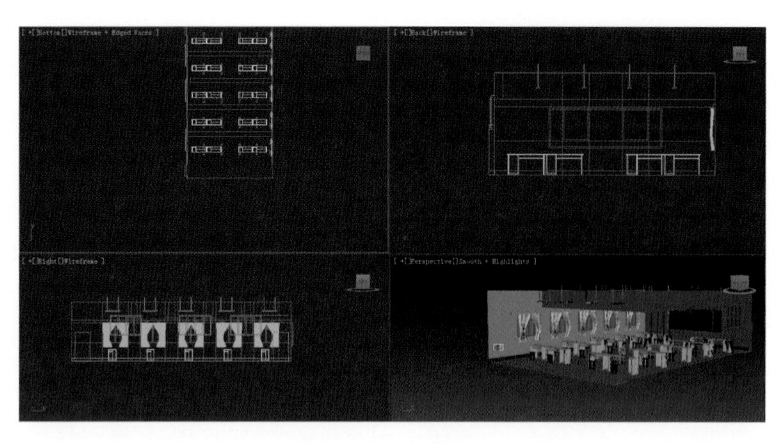

图 7-22　步骤 25

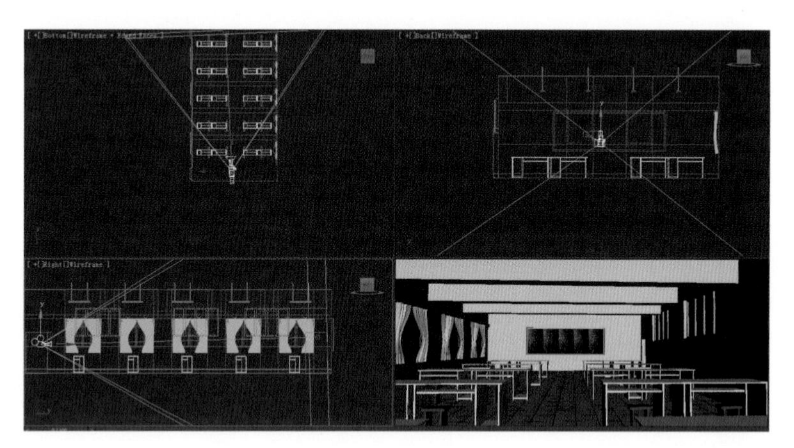

图 7-23　步骤 26

第八章

V-Ray渲染器

■ 学习要点

- V-Ray 的操作流程
- V-Ray 的参数含义和设置
- 全局照明
- V-Ray 灯光的类型和基本制作
- V-Ray 材质的特点和基本制作

第一节 V-Ray 渲染器简介

在进入这一章的学习前，首先学习如何将 V-Ray 在 3ds Max 中调出来。启用 3ds Max，在主菜单中单击"Rendering"(渲染)，选择"Render"(渲染)，弹出面板，单击"Common"，在"Assign Renderer"(指定渲染器)内选择"V-Ray"渲染器，然后单击"Rendering"(渲染器)，展开"V-Ray"(见图 8-1)。

图 8-1 V-Ray 渲染器

一、V-Ray 全局开关

"V-Ray::全局开关"卷展栏(见图 8-2)控制着 V-Ray 渲染场景中所有全局光照和贴图的渲染状态，相当于一个总控制器。

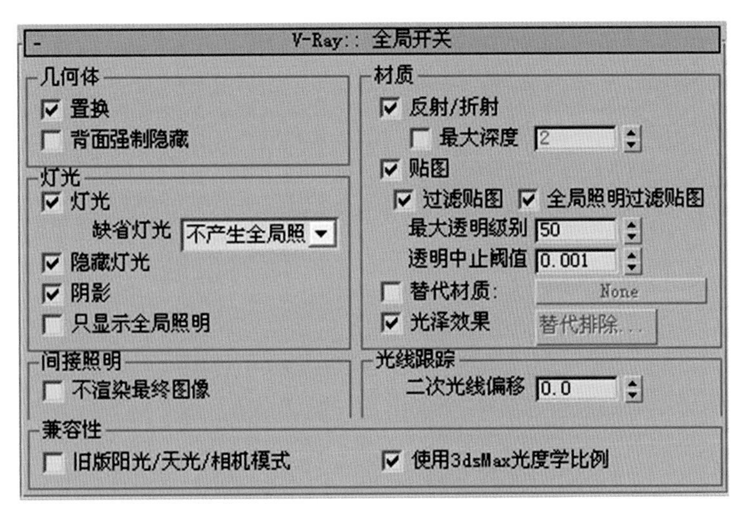

图 8-2 “V-Ray 全局开关”卷展栏

“V-Ray∷全局开关”卷展栏中各主要参数含义如下。

“置换”复选框：勾选该选项，渲染时可以使用 V-Ray 置换贴图，同时不会影响 3ds Max 自身的置换贴图。

“灯光”复选框：场景中直接光照的总开关，勾选时可以渲染直接光照，不勾选则只渲染间接光照。

“隐藏灯光”复选框：勾选该选项时只渲染灯光光线而不渲染灯光模型。

“阴影”复选框：勾选该选项将渲染场景中物体投射的阴影。

“只显示全局照明”复选框：勾选该选项，最终渲染效果中只渲染间接光照。

“不渲染最终图像”复选框：勾选该选项，V-Ray 只计算全局光照贴图，常用于动画渲染。

“反射/折射”复选框：勾选该选项可以渲染反射和折射贴图。

“最大深度”文本框：控制场景中透明对象的透明度。

“贴图”复选框：勾选该选项可以渲染贴图材质。

“过滤贴图”复选框：勾选该选项可以使用过滤贴图。

“二次光线偏移”文本框：设置光线二次反弹偏移量。

二、V-Ray 图像采样器

V-Ray 图像采样器又称为抗锯齿采样器，该参数决定了图像的质量。通过“图像采样器”选项组可以设置图像采样的质量和采样方式，有“固定”“自适应细分”和“自适应 DMC”三种类型。“V-Ray∷图像采样器(抗锯齿)”卷展栏如图 8-3 所示。

“固定”比率采样器：V-Ray 中最简单的采样类型，对每个像素采用一个固定数量的样本。

“自适应细分”采样器：在没有 V-Ray 模糊特效(直接 GI、景深、运动模糊等)的场景中，“自适应细分”采样器是最好的采样器。

“自适应 DMC”采样器：根据每个像素和它相邻像素的亮度差异产生不同数量的样本。

V-Ray 支持所有 3ds Max 抗锯齿过滤器，同时通过“抗锯齿过滤器”选项组可以设置 12 种不同的抗锯齿类型。当选择各抗锯齿类型时，V-Ray 将在右侧提示框中显示该过滤器的特征。是否开启抗锯齿参数，对于渲染时间的影响非常大，一般在最终渲染高品质图像时及需要观察反射模糊效果时，开启抗锯齿参数。

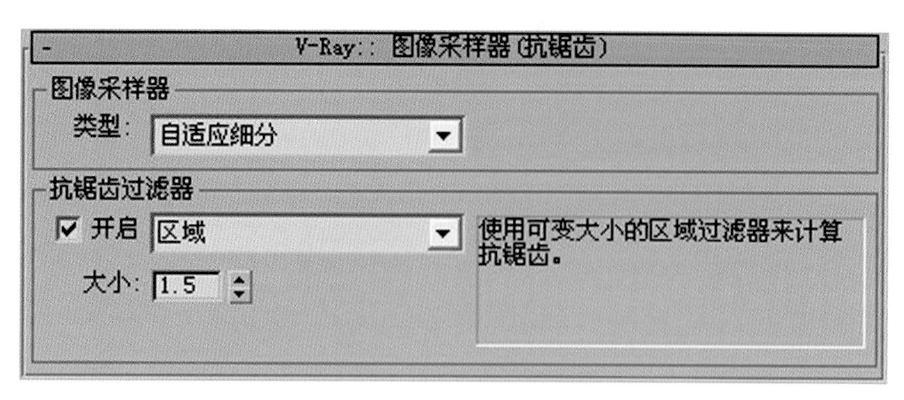

图 8-3 “V-Ray::图像采样器(抗锯齿)”卷展栏

三、V-Ray 自适应细分采样器

当选择“自适应细分”采样器时,在卷展栏中自动激活自适应细分采样器面板,该面板中的参数如下。

“最小采样比”文本框:该值决定每几个像素执行一个采样数目。如:值为 0,表示每个像素只有一个采样;−1 表示每 2 个像素只有一个采样;−2 表示每 4 个像素只有一个采样。

“最大采样比”文本框:该值决定每个像素的最大采样数目。如:值为 0,表示每个像素只有一个采样;1 表示每个像素有 2 个采样;2 表示每个像素有 4 个采样。

“颜色阈值”文本框:确定采样器灵敏度,值越小效果越好,速度越慢。

“对象轮廓”复选框:勾选该选项将不管是否需要都会在每个对象边缘进行高级采样。

“法线阈值”复选框:勾选该选项后,高级采样将沿法线方向急剧变化。

“随机采样”复选框:勾选该选项后,采样点将在采样像素内随机分布,这样能够产生较好的视觉效果。

四、V-Ray 环境

V-Ray 环境用来指定使用全局照明和反射/折射时使用的环境颜色和环境贴图。如果没有指定环境颜色和环境贴图,那么 Max 的环境颜色和环境贴图将被采用。通常在室内外效果图制作时将这里设置的环境称为天光。“V-Ray::环境”卷展栏如图 8-4 所示。

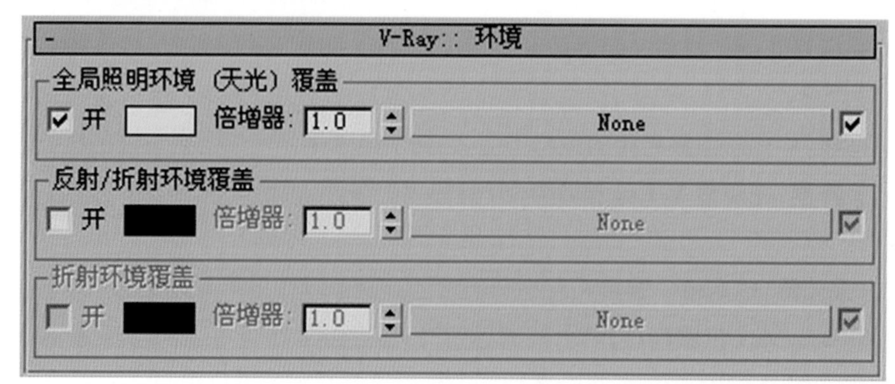

图 8-4 “V-Ray::环境”卷展栏

勾选“全局照明环境(天光)覆盖”的“开”复选框，V-Ray 将使用指定的颜色和纹理贴图进行全局照明和反射/折射计算，下方的颜色色块用于指定背景颜色。而“倍增器”值控制天光的强度，值越大天光越亮，单击“None”按钮还可以为场景指定环境贴图。

五、V-Ray 颜色映射

“V-Ray∷颜色映射”卷展栏(见图 8-5)中的各参数控制最终渲染图像的亮度和对比度等效果，相当于 Photoshop 对图像的调节。

在室内效果制作过程中一般选择线性倍增曝光类型，如果需要保持背景艳丽，可以取消“影响背景”复选框。

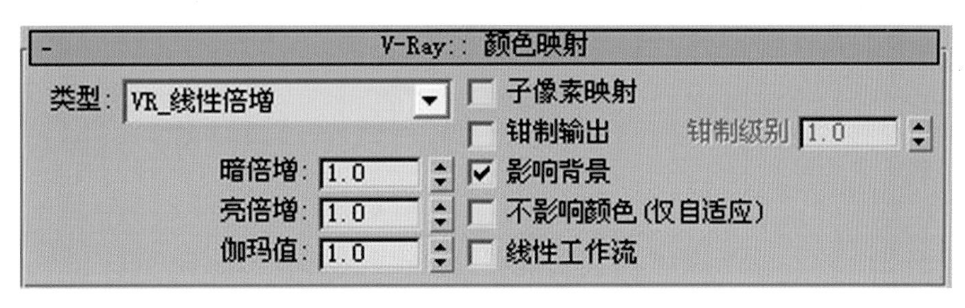

图 8-5 “V-Ray∷颜色映射”卷展栏

六、V-Ray 摄像机

V-Ray 中的摄像机通常用来定义场景中产生的光影，它主要体现出场景如何显示在屏幕上。V-Ray 支持下列几种类型的摄像机：“标准”“球形”“圆柱(中点)”“圆柱(正交)”“鱼眼”“盒”以及“包裹球形”等。在“V-Ray∷像机”卷展栏中还可以为动画设置景深和运动模糊效果。

“V-Ray∷像机”卷展栏如图 8-6 所示。

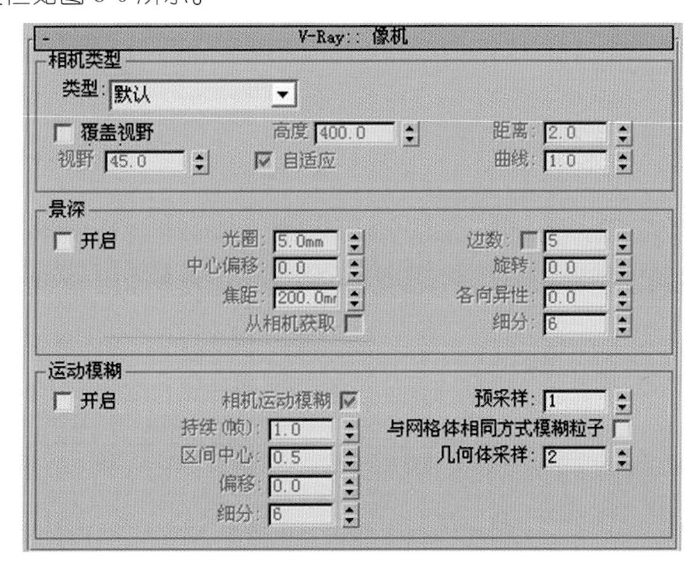

图 8-6 “V-Ray∷像机”卷展栏

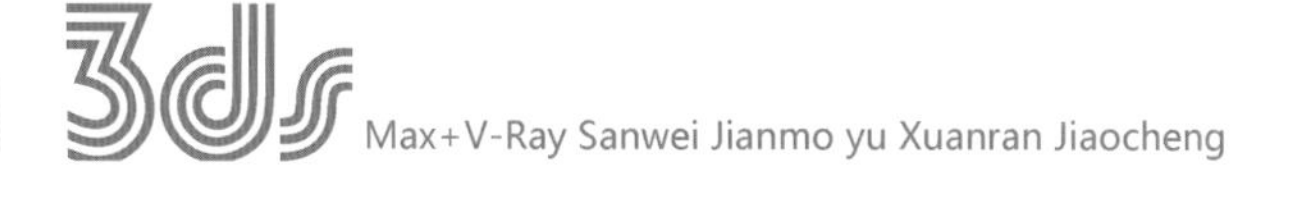

七、V-Ray 间接照明

V-Ray 采用两种方法进行全局照明计算——直接照明计算和光照贴图。直接照明计算是一种简单的计算方式，对所有用于全局照明的光线进行追踪计算，能产生准确的照明效果，但是需要花费较长的渲染时间。而光照贴图是一种相对复杂的技术，它能够以较短的渲染时间获得准确度较低的图像。

在室内外效果图制作过程中，“V-Ray∷间接照明(全局照明)”卷展栏中的参数都是常用的，这些参数控制着光线反弹的全局光引擎类型和强度。“V-Ray∷间接照明(全局照明)”卷展栏如图 8-7 所示。

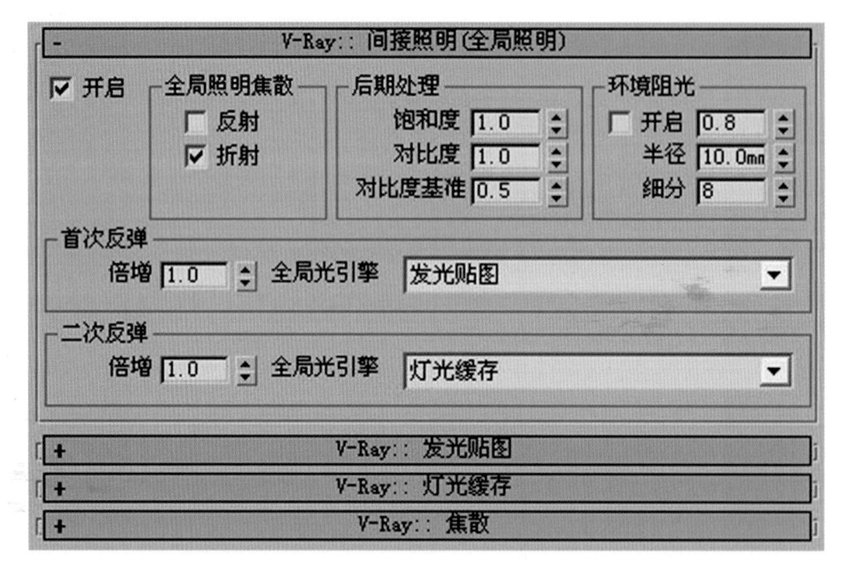

图 8-7 “V-Ray∷间接照明(全局照明)”卷展栏

“V-Ray∷间接照明(全局照明)”卷展栏中各主要参数含义如下。

“开启”复选框：打开或关闭间接照明。

“全局照明焦散”选项组：通过“反射”和“折射”两个选项控制全局光是否参与反射焦散和折射焦散，但是由直接光产生的焦散不受这里控制。

首次反弹倍增器：该值决定首次光线反弹对最终的图像照明起多大作用。默认值 1、0 能够取得很精确的效果，需要特殊计算时可以修改为其他值，但是没有默认值计算准确。

首次反弹全局光引擎列表：提供了 4 种专业的全局光引擎，其具体特征和应用将在后面分别详细讲解。

二次反弹倍增器：该值决定二次光线反弹对最终的图像照明起多大作用，一般设置参数在 0.5～1.0 之间可以取得很好的效果。

二次反弹全局光引擎列表：提供了 3 种专业的全局光引擎，其具体特征和应用将在后面分别详细讲解。

“饱和度”文本框：该值控制反弹光线受颜色饱和度的影响强弱，值越大，渲染后的物体受到旁边物体颜色影响越大。

“对比度”文本框：该值控制反弹光线照亮的物体明暗对比度是否强烈，值越大，对比度越强。

“对比度基准”文本框：该值控制渲染图像的基本对比度，一般保持默认值 0.5。

八、V-Ray 发光贴图

V-Ray 发光贴图是基于发光缓存技术的一项命令，其基本原理是计算场景中某些特定点的间接照明，剩余的进行插值计算。

如果在“V-Ray∷间接照明(全局照明)”卷展栏中的首次反弹全局光引擎列表中选择“发光贴图”选项，系统将在“V-Ray∷间接照明(全局照明)”卷展栏下方显示“V-Ray∷发光贴图”卷展栏。

“V-Ray∷发光贴图”卷展栏如图 8-8 所示。

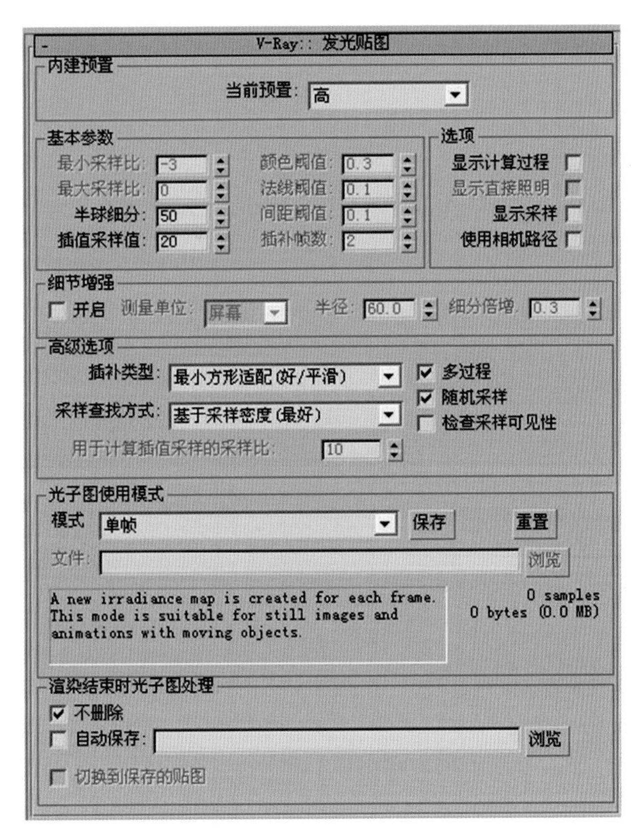

图 8-8 “V-Ray∷发光贴图”卷展栏

“V-Ray∷发光贴图”卷展栏各主要参数含义如下。

“当前预置”下拉列表：系统提供了 8 种系统预设的模式，如无特殊情况，这几种模式可以满足需要。各种预设模式拥有不同的渲染速度和效果，可以根据实际情况选择使用。

“最小采样比”文本框：该值确定全局光首次传递的分辨率。通常需要设置它为负值，以便快速地计算大而平坦的区域全局光，这个参数类似于“自适应细分”采样器的“最小采样比”参数。

“最大采样比”文本框：该值类似于采样最大的比率，控制最终渲染图像光照精度。

“半球细分”文本框：这个参数决定单独的全局光样本的品质。较小的取值可以获得较快的速度，但是也可能会产生黑斑；较大的取值可以得到平滑的图像。

“插值采样值”文本框：定义被用于插值计算的全局光样本的数量。较大的值意味着较小的敏感性，较小的值将使光照贴图对照明的变化更加敏感。

“法线阈值”文本框：这个参数确定光照贴图算法对表面法线变化的敏感程度。

“间距阈值”文本框：这个参数确定光照贴图算法对两个表面距离变化的敏感程度。

“显示计算过程”复选框：勾选该选项，在渲染的时候将显示计算过程。

“显示采样”复选框：勾选该选项，V-Ray将在VFB窗口以小圆点的形态直观显示发光贴图中使用的样本情况。

“高级选项”选项组：手动设定采样插补类型，在室外效果图制作过程中一般保持默认参数。

“光子图使用模式”选项组：设定光照贴图的渲染方式。一般渲染静态图像，选择“单帧”模式；如果渲染动画，则选择“多帧添加”模式；如果渲染先前已经保存了的光照贴图，可以选择“来自文件”选项并设置来源位置，节省渲染光照贴图的时间。

“渲染结束时光子图处理”选项组：设置是否保存光照贴图数据以备调用。

九、V-Ray灯光缓存

灯光缓存又被称为灯光贴图，是一种近似于场景中全局光照明的技术，与光照贴图类似，但是减少了很多局限性。灯光缓存是建立在追踪从摄像机可见的许许多多的光线路径的基础上的，每一次沿路径的光线反弹都会储存照明信息，它们组成了一个“D”字形的结构，被广泛地用于室内场景和室外场景的渲染计算。灯光缓存可以直接使用，也可以用于发光贴图或光线二次反弹计算。如果在“V-Ray::间接照明(全局照明)”卷展栏中的首次反弹全局光引擎列表或者二次反弹全局光引擎列表中选择“灯光缓存”选项，系统将在“V-Ray::间接照明(全局照明)”卷展栏下方显示“V-Ray::灯光缓存”卷展栏，如图8-9所示。

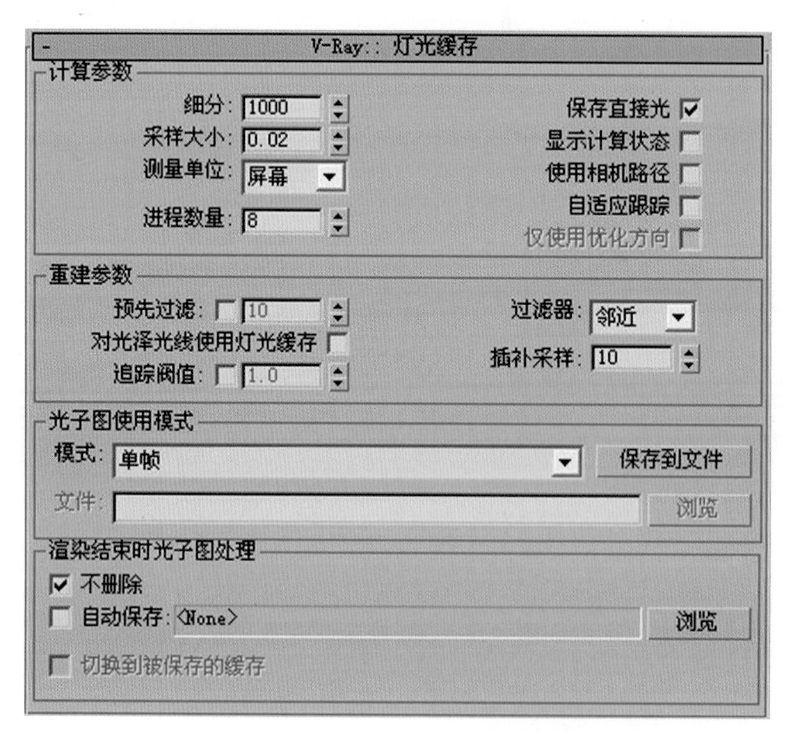

图8-9 “V-Ray::灯光缓存”卷展栏

“V-Ray::灯光缓存”卷展栏中的很多参数的含义与“V-Ray::发光贴图”卷展栏中的相似，这里主要介绍“细分”值的含义。“细分”值确定有多少条光子束参与追踪。实际光子束的数量是这个参数的二次方值，例如这个参数设置为 1000，那么被追踪的路径数量将是 1000×1000 条=1 000 000 条。

十、V-Ray 系统

通过“V-Ray∷系统”卷展栏（见图 8-10）可以设置很多 V-Ray 渲染参数，如 V-Ray 渲染区域排序、帧标签等。一般在制作效果图的时候不需要专门设置这里的参数，很多参数保持默认即可，所以这里就不再详细讲述“V-Ray∷系统”卷展栏中的参数。

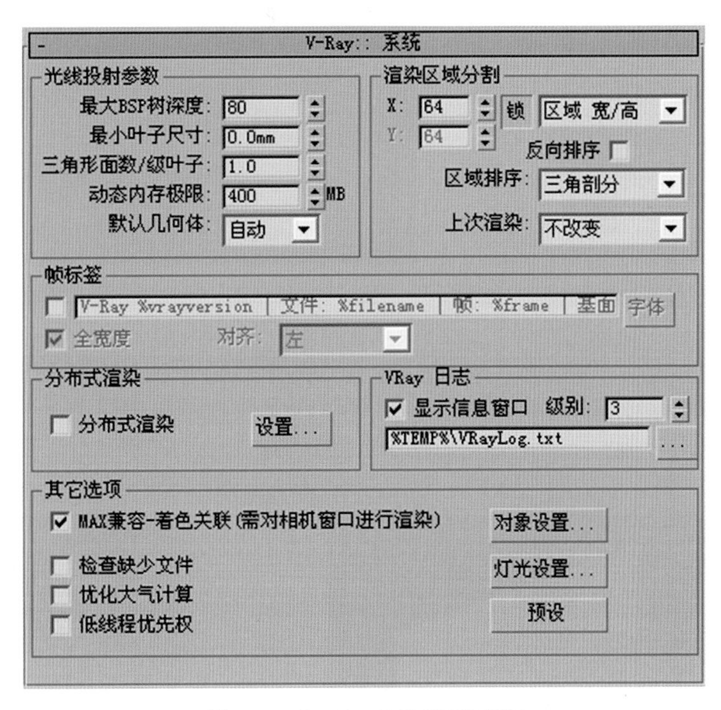

图 8-10 “V-Ray∷系统”卷展栏

第二节 V-Ray 光源

V-Ray 光源分为普通 V-Ray 灯光和 V-Ray 太阳。安装 V-Ray 软件包到 3ds Max 目录后，启动 3ds Max 就可以在灯光创建面板的“标准”下拉列表中找到 V-Ray 灯光类型。

V-Ray 灯光创建面板如图 8-11 所示。

一、普通 V-Ray 灯光

普通 V-Ray 灯光在建筑室内效果图中通常用作模拟灯带、窗口的太阳光、反射光等光源。

普通 V-Ray 灯光的默认形状与 3ds Max 光学度灯光中的自由面光源相似，默认呈面状，灯光平面的法线方向就是光线照射方向。V-Ray 标准灯光模型如图 8-12 所示。V-Ray 灯光发光效果如图 8-13 所示。

图 8-11　V-Ray 灯光创建面板

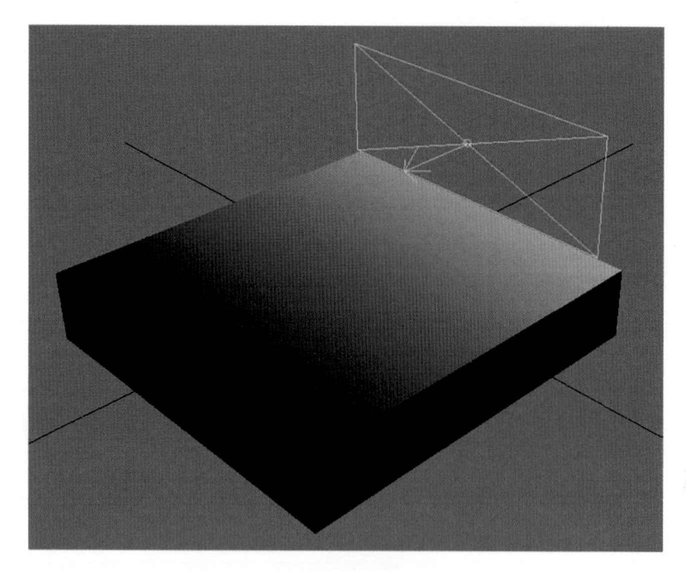

图 8-12　V-Ray 标准灯光模型

单击“VR 灯光”按钮，在场景中拖动鼠标即可创建 V-Ray 灯光，同时系统将在创建面板下方自动显示 V-Ray 灯光参数卷展栏。V-Ray 灯光的参数设置很简单，可以在参数卷展栏中设置所有参数。V-Ray 灯光的参数卷展栏如图 8-14 所示。

图 8-13　V-Ray 灯光发光效果

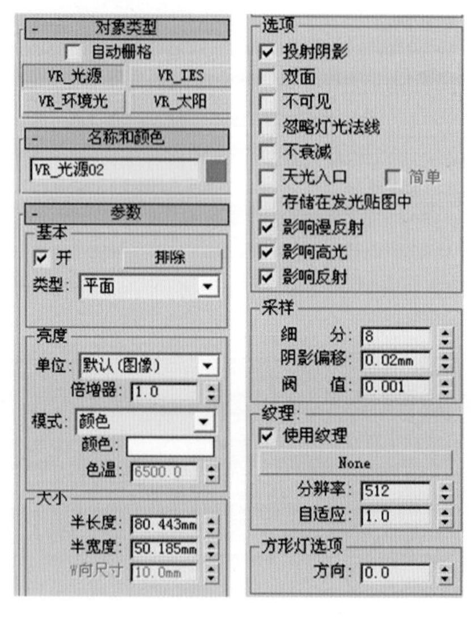

图 8-14　V-Ray 灯光的参数卷展栏

V-Ray 灯光参数卷展栏中各参数的具体含义如下。

“开”复选框：打开或关闭 V-Ray 灯光。

“排除”按钮：单击该按钮将弹出“排除/包含”对话框，通过该对话框可以控制场景中的对象哪些被当前光源照射，哪些不被当前光源照射。

“类型”下拉列表：该列表中有四种 V-Ray 灯光类型，即“平面”“球体”“穹顶”和“网格”（效果见图 8-15 至图 8-18）。当选择“平面”选项时，V-Ray 光源具有平面的形状；当选择“球体”选项时，光源呈球体状；当选择“穹顶”选项时，V-Ray 光源呈半球穹顶状；当选择“网格”选项时，V-Ray 光源呈现网格状。

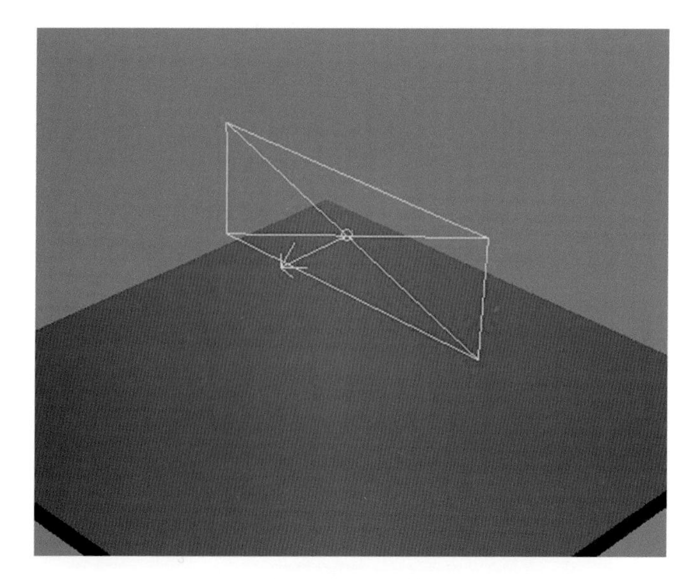

图 8-15 “平面”

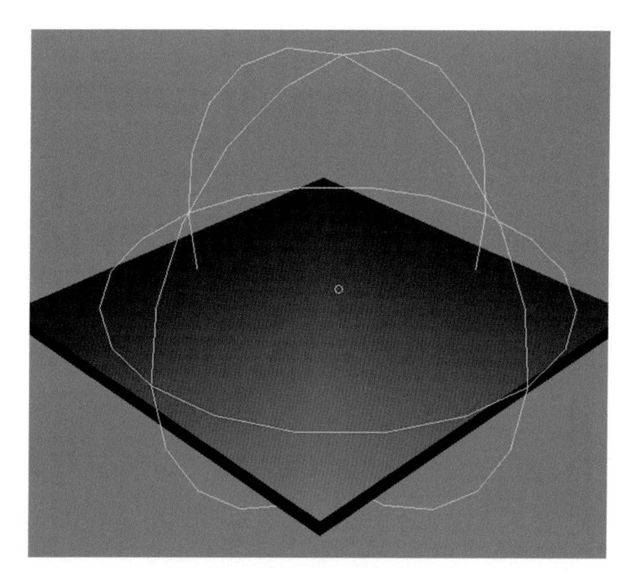

图 8-16 “球体”

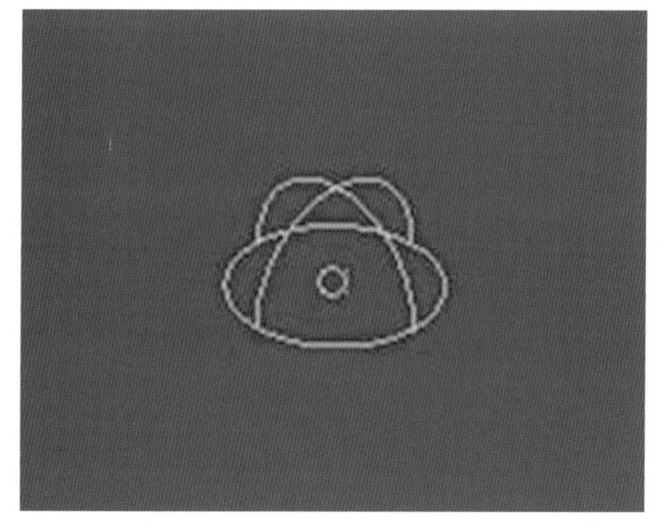

图 8-17 “穹顶”

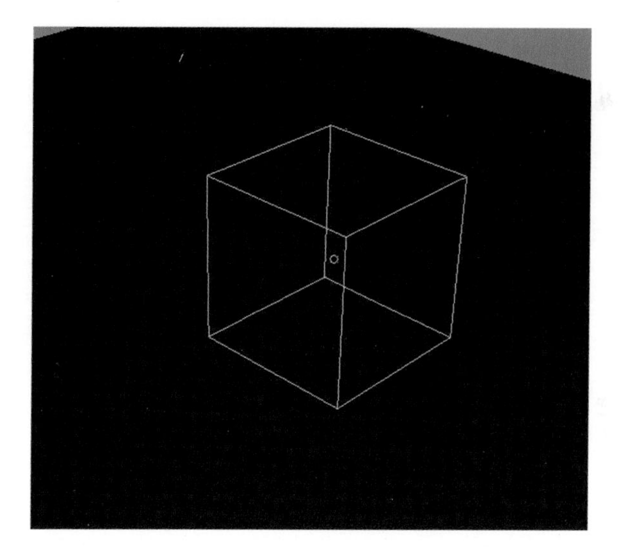

图 8-18 “网格”

“单位”下拉列表：设置 V-Ray 光源的亮度单位。其中：选择“默认（图像）”选项，将使用与 3ds Max 标准光源通用的照明单位；选择“功率”选项，将使用与现实灯光同样的单位——瓦（W）；选择“辐射率”选项，将使用科学辐射单位。

“倍增器”文本框：使用一定的单位设置光源的亮度，值越大光越亮。

“颜色”选项：设置 V-Ray 光源发出的光线的颜色。

“大小”选项组：如果是平面灯光类型，该选项组可以设置 V-Ray 平面灯光在 U、V、W 各方向的尺寸大小；如果是球体灯光类型，该选项组可以设置光源球体的半径大小；如果是穹顶灯光类型，则该选项组不可用。

“双面”复选框：当 V-Ray 灯光为平面光源时，该选项控制光线是否从面光源的两个面发射出来（当选择球体光源时，该选项无效），如图 8-19 和图 8-20 所示。

“不可见”复选框：该选项控制 V-Ray 光源体的形状是否在最终渲染场景中显示出来。当勾选该选项时，发光体不可见；当未勾选该选项时，V-Ray 光源体会以当前光线的颜色渲染出来，如图 8-21 和图 8-22 所示。

图 8-19　未勾选“双面”复选框效果

图 8-20　勾选“双面”复选框效果

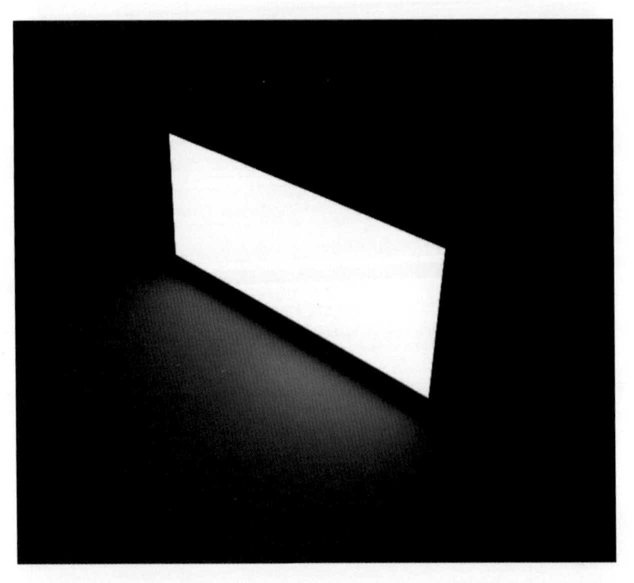

图 8-21　未勾选“不可见”复选框效果

图 8-22　勾选“不可见”复选框效果

“忽略灯光法线”复选框：控制 V-Ray 灯光光线是否沿法线发射。

“不衰减”复选框：当该选项选中时，V-Ray 灯光所产生的光将不会随着距离增加而衰减；否则，光线将随着距离增加而衰减。

“天光入口”复选框：勾选该选项，V-Ray 灯光将变成天光的照射入口，通常用于模拟室内窗口光线、室外天空反光等。

“存储在发光贴图中”复选框：勾选该选项，当前光源将在渲染时以发光贴图的形式保存，关于发光贴图的内容我们将在后面关于渲染的内容中讲述。

“细分”文本框：控制 V-Ray 计算照明时 V-Ray 灯光阴影的采样点数量，值越大效果越好，但是渲染速度越慢。

“阴影偏移”文本框：控制阴影偏移量，以达到更加接近真实的效果。

"纹理"选项组：只有选择"穹顶"灯光类型，该选项组才可用，通过该选项组可以设置"穹顶"灯光的贴图纹理，如使用 HDRI 贴图可以很真实地模拟环境光照。

二、V-Ray 太阳

V-Ray 太阳是在 V-Ray 1.48 版本后才加入的功能，通过设置 V-Ray 太阳可以很真实地模拟室外效果图中日光照射的效果和室内效果图中窗口阳光的效果，如图 8-23 所示。

图 8-23　V-Ray 太阳在室内外设计效果图中的应用

单击"VR 太阳"按钮，在场景中拖动鼠标即可创建 V-Ray 太阳。同时，系统将在创建面板下方自动显示出"VR_太阳参数"卷展栏，如图 8-24 所示。

通过"VR_太阳参数"卷展栏可以设置 V-Ray 太阳的各种参数，其主要参数含义如下。

"开启"复选框：打开或关闭 V-Ray 太阳。

"混浊度"文本框：设置太阳光色的纯度，一般晴朗的天空混浊度值较小，阴天则较大。

"臭氧"文本框：模拟现实中的空气含臭氧程度。含量越高，光线色调越偏黄色；含量越低，光线越偏蓝色。

"强度 倍增"文本框：设置 V-Ray 太阳的亮度。

"尺寸 倍增"文本框：设置 V-Ray 太阳的照射衰减范围。

"阴影 细分"文本框：控制 V-Ray 用于计算照明时太阳阴影的采样点数量，值越大效果越好，但是渲染速度越慢。

"阴影 偏移"文本框：控制阴影偏移量，以达到更加接近真实的效果。

"光子 发射 半径"文本框：控制太阳渲染效果，值越小，光子发射半径越小，光线越细腻。

VR_太阳参数	
开启	☑
不可见	☐
影响漫反射	☑
影响高光	☑
投射大气阴影	☑
混浊度	3.0
臭氧	0.35
强度 倍增	0.02
尺寸 倍增	1.0
阴影 细分	3
阴影 偏移	0.2mm
光子 发射 半径	50.0mm
天空 模式	Preetham et
地平线间接照度	25000.
排除...	

图 8-24　"VR_太阳参数"卷展栏

第三节
V-Ray 材质

V-Ray 不仅是一个渲染系统，而且拥有独立的材质和灯光系统。合理地搭配 V-Ray 提供的灯光、材质和渲染器可以制作出美妙绝伦的效果。在 V-Ray 渲染器参数设置面板中可以设置完美的全局光照(GI 系统)、焦散效果、摄影机景深等 3ds Max 默认渲染器无法达到的效果。

V-Ray 支持 3ds Max 中大多数材质类型；同时，使用 V-Ray 自带的材质系统，可以加快渲染速度并能达到更好的渲染效果。

一、V-Ray 材质基础

V-Ray 材质(V-Ray Mtl)是 V-Ray 专有材质中最重要的材质类型，合理设置该材质类型中的各种参数，可以创建出自然界中各种类型的材质效果。

V-Ray 材质能够获得更加准确的物理照明(光能分布)、更快的效果渲染，反射和折射参数的调节也很方便。同时，使用 V-Ray Mtl 还可以应用不同的纹理贴图，控制其反射和折射参数，增加凹凸贴图、衰减变化等效果。

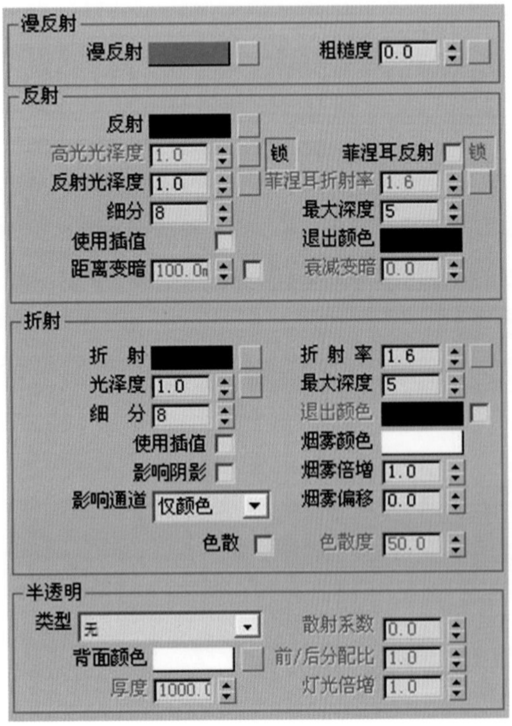

图 8-25 “基本参数”卷展栏

通过“基本参数”卷展栏可以设置 V-Ray 材质的漫反射、反射、折射及透明度等参数，如图 8-25 所示。

“基本参数”卷展栏各主要参数的含义如下。

“漫反射”：右方的色块表示该材质的漫反射颜色(物体表面颜色)。如果需要使用贴图，可以单击按钮打开“材质/贴图浏览器”对话框，选择一种贴图来覆盖漫反射颜色。

“反射”：通过右边方块的亮度控制具有反光度的材质的反射强度，颜色亮度越高反光度越强烈，也可以单击按钮打开“材质/贴图浏览器”对话框，选择一种贴图来覆盖反射颜色。

“高光光泽度”和“反射光泽度”文本框：控制材质表面粗糙度，值为 1.0 表示完全光滑，值越小越粗糙。

“细分”文本框：控制反射的光线数量，当该材质的“反射光泽度”值为 1.0 时，该选项无效。

“菲涅耳反射”复选框：勾选该选项时，光线的反射就像真实世界的玻璃反射一样。当光线和表面法线的夹角接近 0°时，反射光线减少直至消失；当光线和表面法线的夹角接近 90°时，反射光线将达到最强。

“最大深度”文本框：控制贴图的最大光线反射深度，大于该选择值时贴图将反射回下方设定的颜色。

“折射”：通过右边方块的亮度控制材质的折射强度，也可以单击按钮打开“材质/贴图浏览器”对话框，选择一种贴图来覆盖折射颜色。

“光泽度”文本框：表示该材质的光泽度。该值为 0.0，表示特别模糊的折射；当该值为 1.0 时，将关闭光泽。

“折射率”文本框：控制折射率，如玻璃应该是 1.5。

“烟雾颜色”色块：填充对象内部的雾的颜色。

“烟雾倍增”文本框：数值越小产生越透明的雾。

“厚度”文本框：厚度值决定透明层的厚度，当光线进入物体达到该值深度时，将停止传递。

“散射系数”文本框：控制透明物体内部散射光线的方向。该值为 0.0，表示物体内部的光线将向所有方向散射；该值为 1.0，表示散射光线的方向与原进入该物体的初始光线的方向相同。

“前/后分配比”文本框：该值控制在透明物体内部有多少散射光线沿着原进入该物体内部的光线的方向继续向前传播或向后反射。该值为 1.0，表示所有散射光线将继续向前传播；该值为 0.0，表示所有散射光线将向后传播；该值为 0.5，表示向前和向后传播的散射光线的数量相同。

“灯光倍增”文本框：光线亮度倍增，它描述该材质在物体内部所反射的光线的数量。

二、V-Ray 材质包裹器

V-Ray 材质包裹器不是一种独立的材质，该材质类型只是在其他材质类型上增加 V-Ray 散射和 V-Ray 全局照明效果。“VR-材质包裹器参数”卷展栏如图 8-26 所示。

“VR-材质包裹器参数”卷展栏中各主要参数的含义如下。

“基本材质”：单击“None”按钮可以选择一种材质作为该材质包裹器的基本材质。

“产生全局照明”：勾选该复选框，当前材质将反射全局光照光线，其文本框中的数值可以控制反射全局光线的程度，值越大，反射越强烈。“1.0”表示标准反射。

“接收全局照明”：勾选该复选框，当前材质将收到全局光照光线的照射，其文本框中的数值可以控制接收全局光线的程度，值越大，接收到的光线越多。

图 8-26 “VR-材质包裹器参数”卷展栏

“产生焦散”复选框：勾选该复选框，当前材质将产生焦散光线。

“接收焦散”复选框：勾选该复选框，当前材质将接收其他对象产生的焦散光线照射。

焦散光线效果如图 8-27 所示。

“无光属性”选项组：通过该选项组可以设置没有光泽度材质的阴影、颜色等属性，如布匹、纸张等。

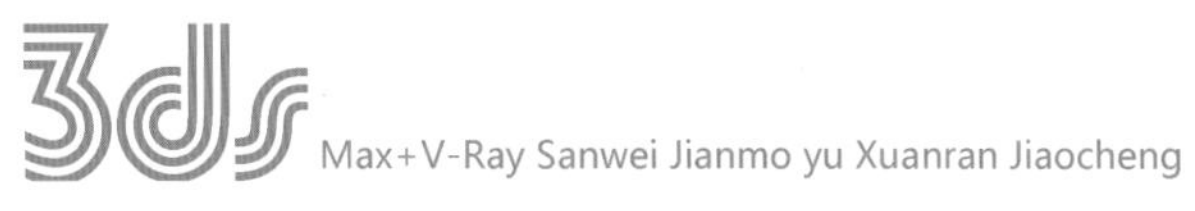

图 8-27 焦散光线效果

三、V-Ray 双面材质

V-Ray 双面材质通常用于透明或者半透明空心物体或者双面物体,可以分别设置外层材质和内层材质。V-Ray 双面材质渲染效果如图 8-28 所示。

V-Ray 双面材质参数卷展栏中各参数设置较为直观,如图 8-29 所示。

图 8-28 V-Ray 双面材质渲染效果

图 8-29 V-Ray 双面材质参数卷展栏

四、V-Ray 灯光材质

V-Ray 灯光材质是一种很简单的材质类型，设置这种材质可以模拟发光的效果，同 3ds Max 标准材质中的自发光效果相似。

V-Ray 灯光材质的参数非常简单，仅有“颜色”“倍增器”等几个参数选项，并且各参数的名称都很直观，这里就不再详细解释。

第四节
室内渲染实例

首先，看成品图片，如图 8-30 所示。

步骤 1：打开模型，按 F12 键，在 Common 选项中选择 V-Ray 渲染器，如图 8-31 所示。

图 8-30　成品图片

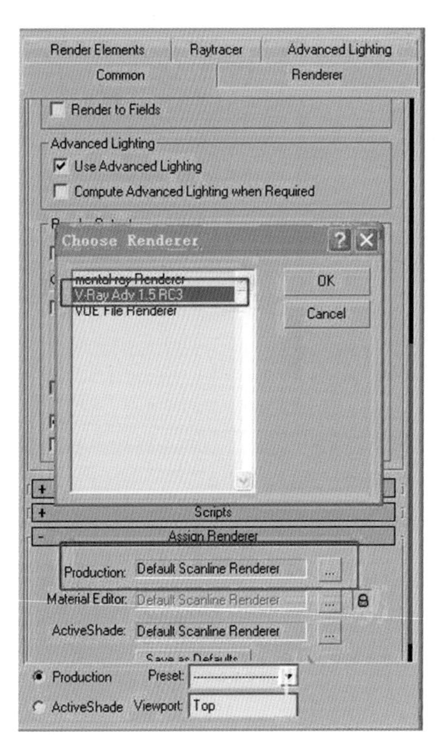

图 8-31　步骤 1

步骤 2：试渲前先为试渲做一些基本的设置，如图 8-32 所示。

步骤 3：选择场景中的所有物体，给所有物体一个 VR 材质，让它们有反射 GI 的性质，如图 8-33 所示。

步骤 4：在室内打一个 VR 面灯，如图 8-34 所示。

步骤 5：在顶视图中调节位置，如图 8-35 所示。

步骤 6：设置 VR 面灯的参数，如图 8-36 所示。

步骤 7：选择一块木地板，调节木地板的参数，如图 8-37 所示。

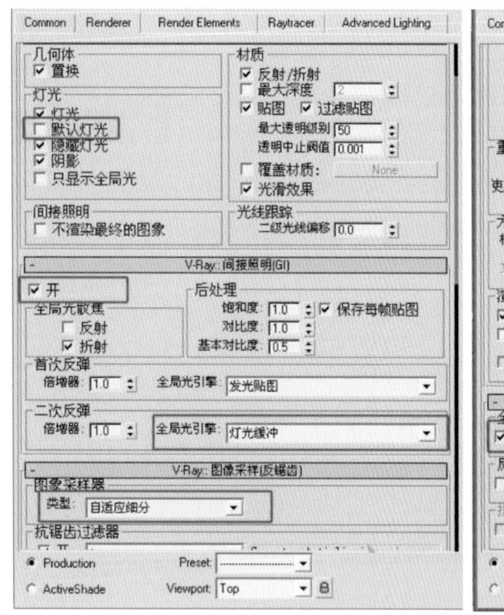

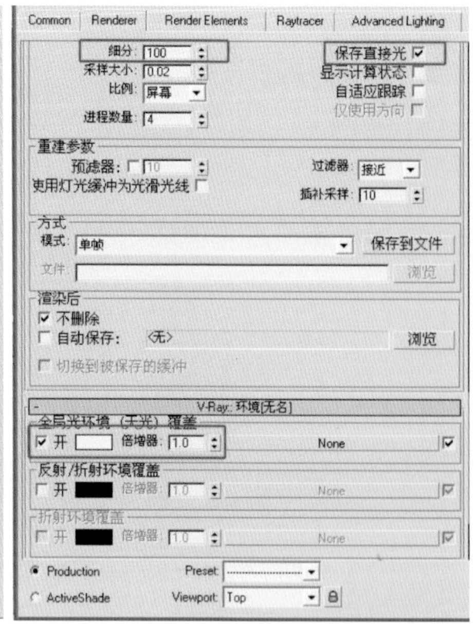

图 8-32　步骤 2

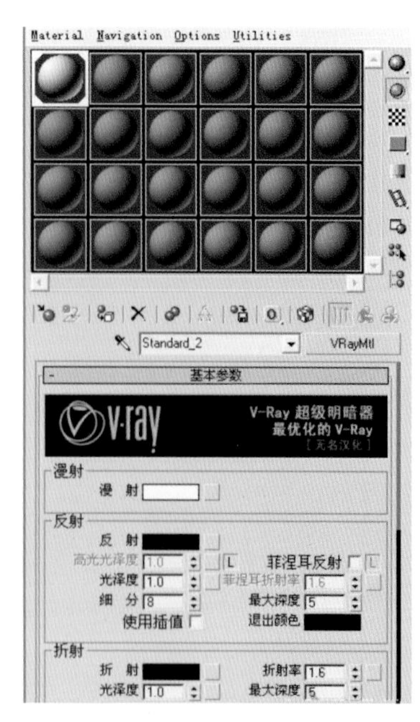

图 8-33　步骤 3

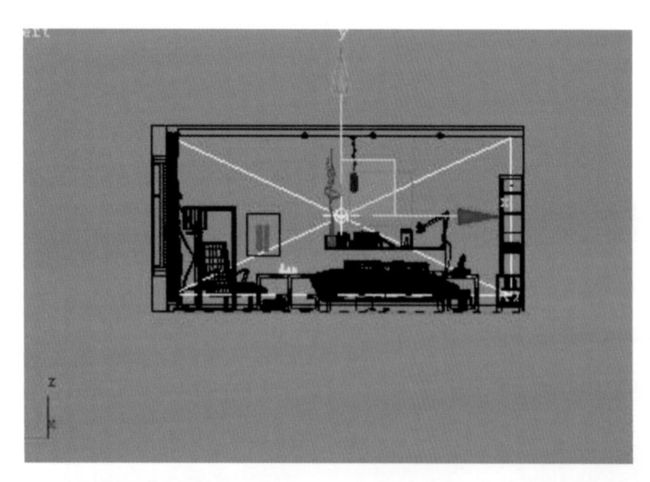

图 8-34　步骤 4

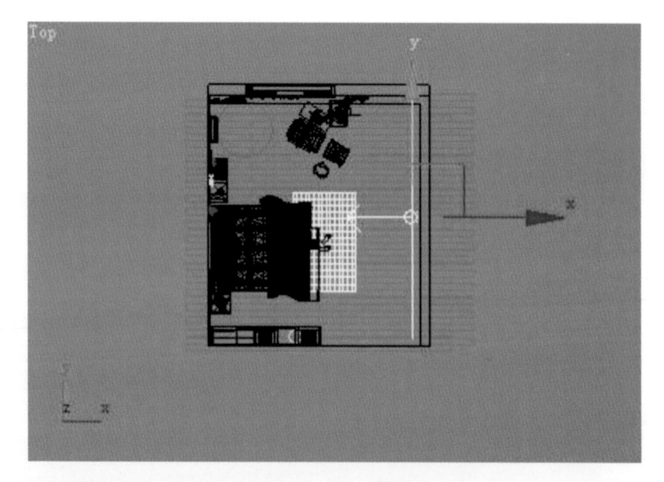

图 8-35　步骤 5

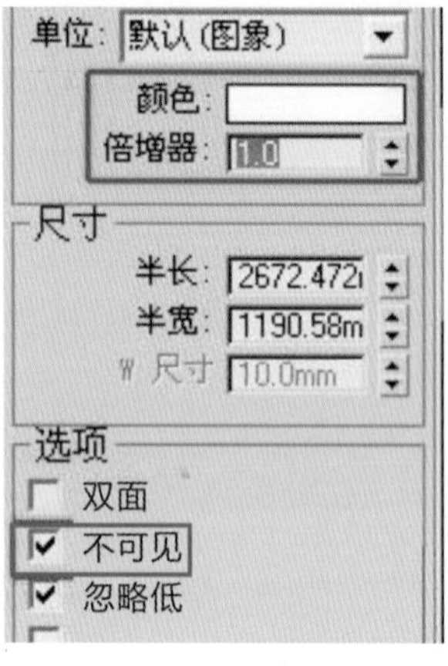

图 8-36　步骤 6

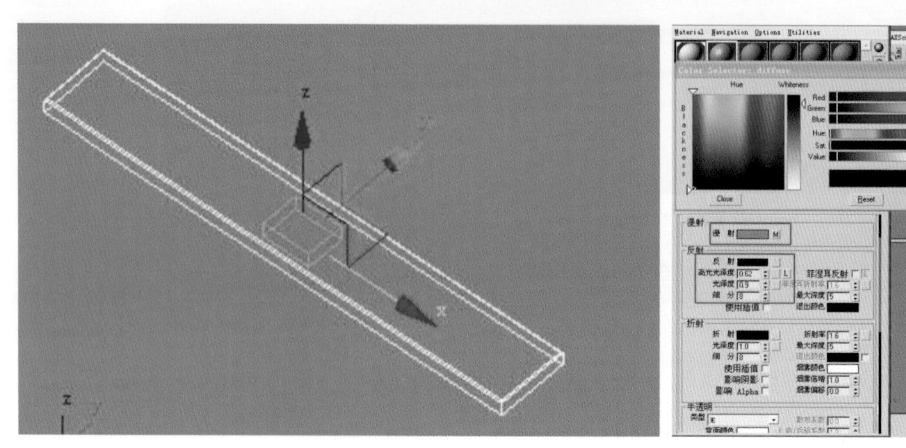

图 8-37　步骤 7

步骤 8:试着渲染一下,如图 8-38 所示。

步骤 9:木地板的溢色很严重,给它加一个材质包裹器,如图 8-39 所示。

图 8-38 步骤 8

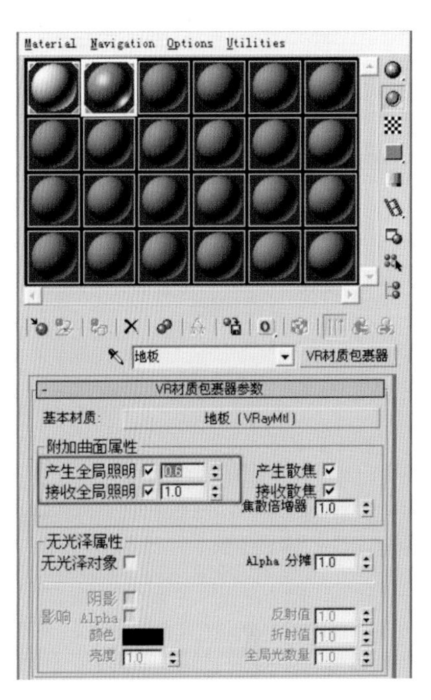

图 8-39 步骤 9

步骤 10:再次试渲,发现溢色减少了很多。

步骤 11:调节背景墙材质,让贴图更清晰地显示,如图 8-40 所示。

步骤 12:调节墙面及顶棚材质,如图 8-41 所示。

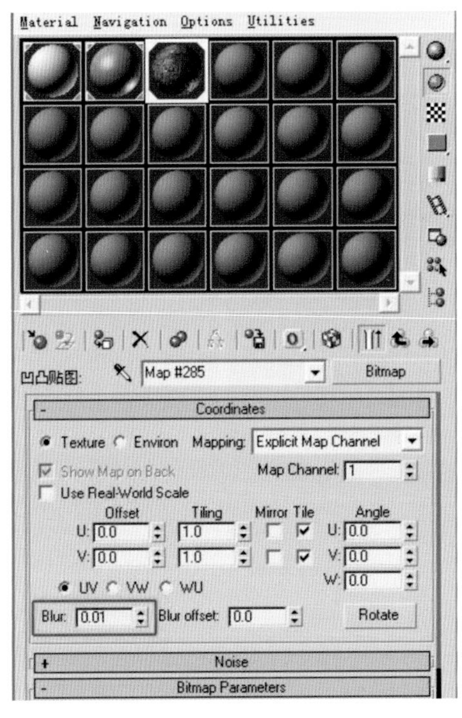

图 8-40 步骤 11

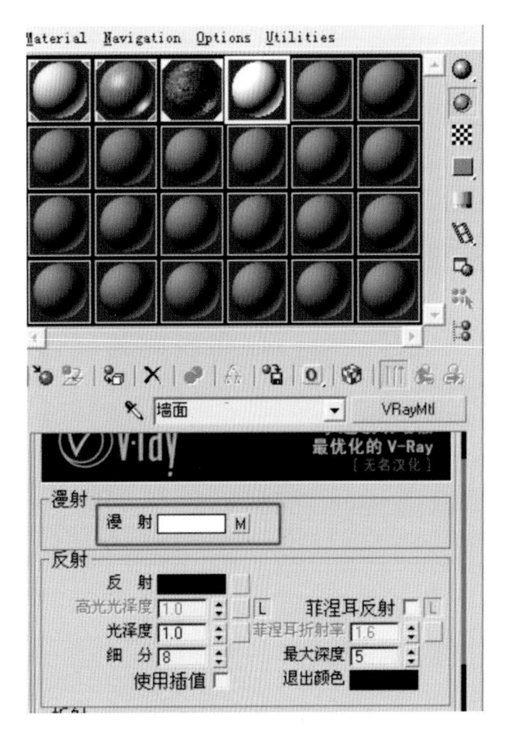

图 8-41 步骤 12

步骤 13:调节透光窗帘,如图 8-42 所示。

步骤 14:在最下面贴入一张黑白贴图。第一个里面贴入一个衰减,将第一个白色里面的材质复制到第二个里面,调节任意一个里面的曲线,如图 8-43 所示。

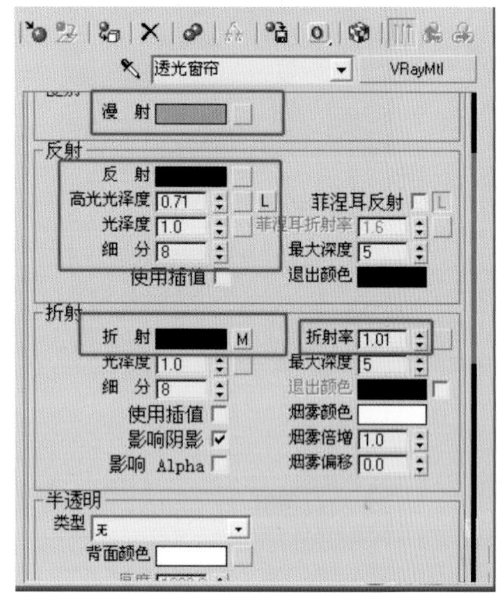

图 8-42　步骤 13

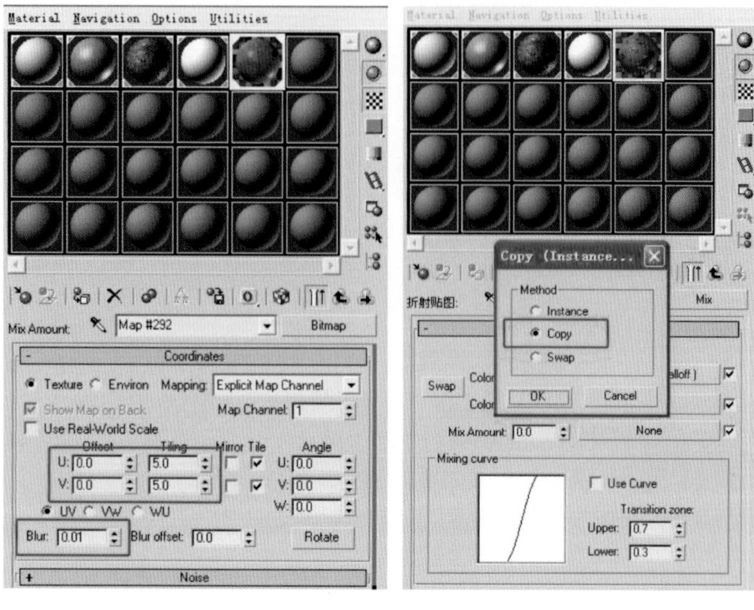

图 8-43　步骤 14

步骤 15:试渲一下,如图 8-44 所示。

步骤 16:给场景添加 VR 阳光,参数如图 8-45 所示。

图 8-44　步骤 15

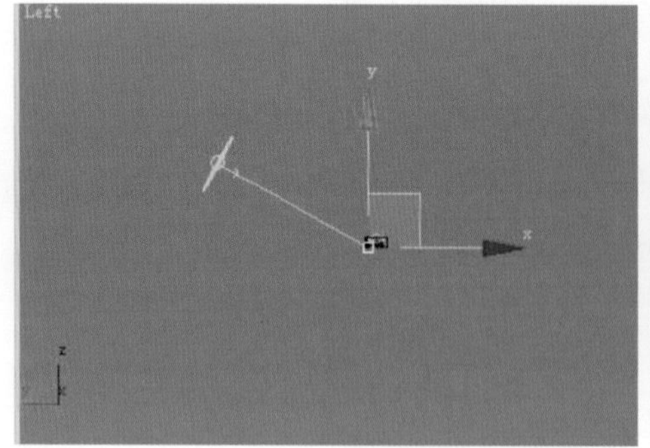

图 8-45　步骤 16

步骤 17:调节不锈钢材质,如图 8-46 所示。

步骤 18:调节床单材质、床垫材质,如图 8-47 所示。

步骤 19:调节椅垫材质,如图 8-48 所示。

步骤 20:调节红枕头材质,如图 8-49 所示。

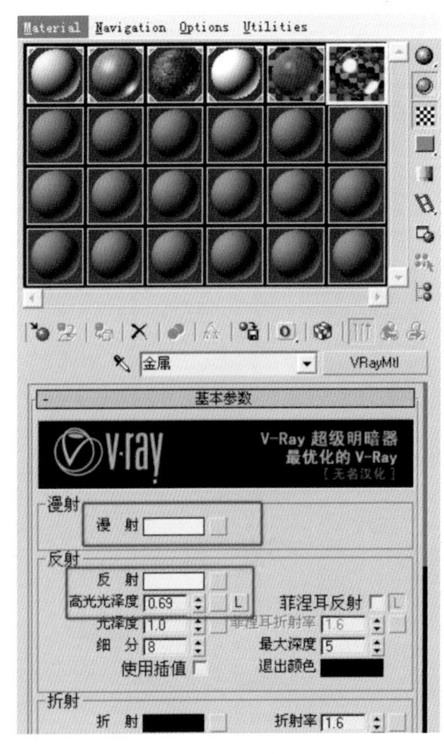
图 8-46 步骤 17

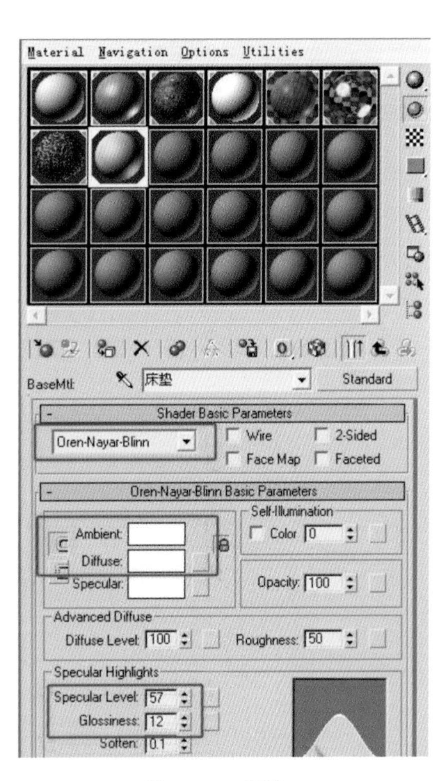
图 8-47 步骤 18

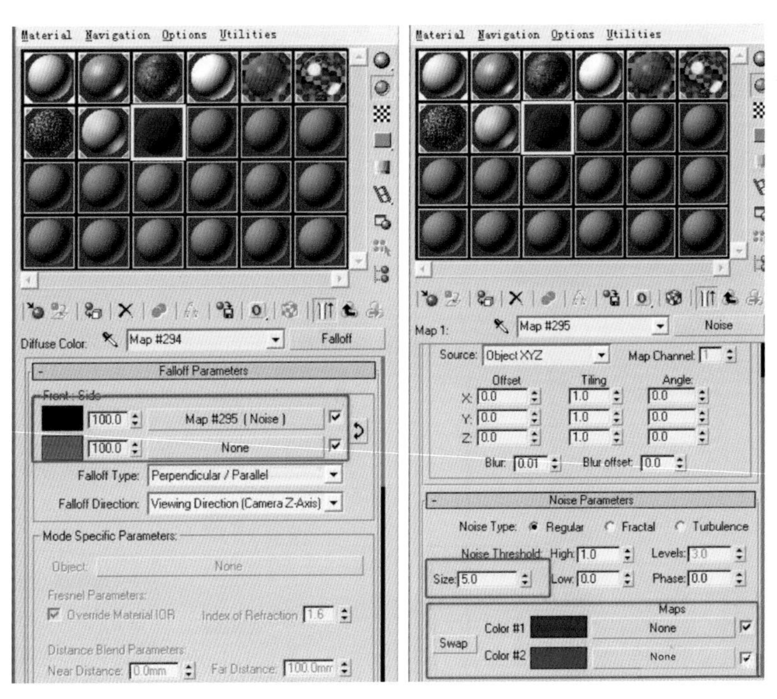
图 8-48 步骤 19

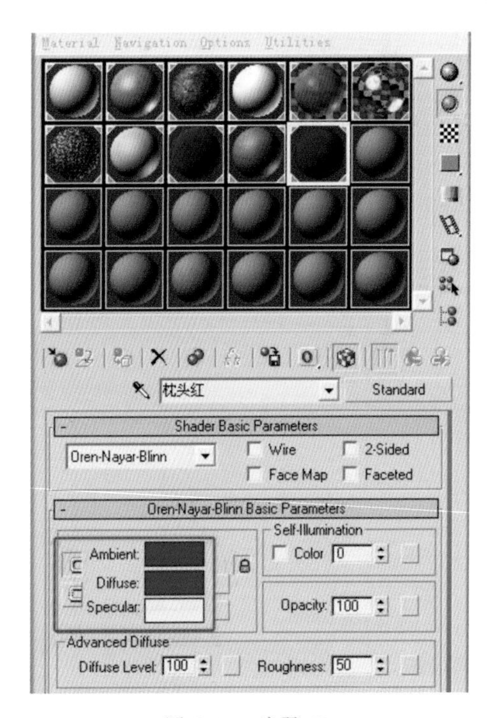
图 8-49 步骤 20

步骤 21:调节白枕头材质,如图 8-50 所示。

步骤 22:调节木纹材质,如图 8-51 所示。

步骤 23:镜子材质用了标准材质,如图 8-52 所示。

步骤 24:窗格用白油漆材质,如图 8-53 所示。

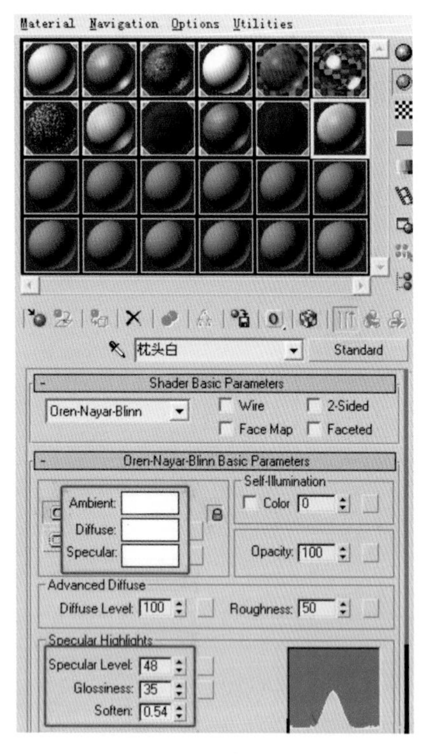

图 8-50　步骤 21

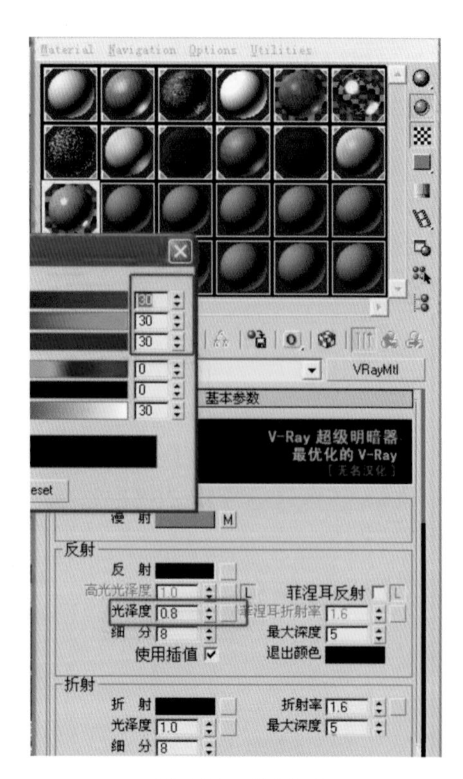

图 8-51　步骤 22

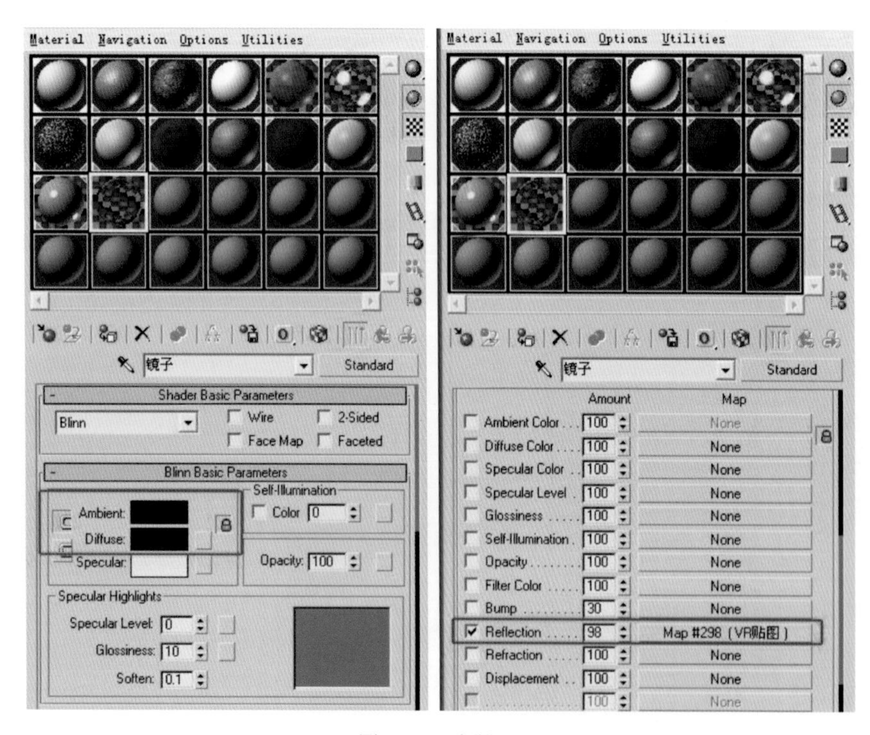

图 8-52　步骤 23

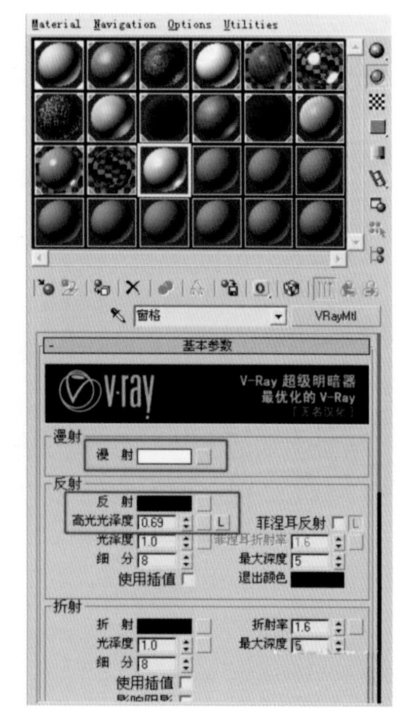

图 8-53　步骤 24

步骤 25:调节茶几玻璃材质,如图 8-54 所示。

步骤 26:调节布窗帘材质,如图 8-55 所示。

步骤 27:调节装饰品材质、干枝材质,如图 8-56 所示。

步骤 28:调节灯的自发光材质,如图 8-57 所示。

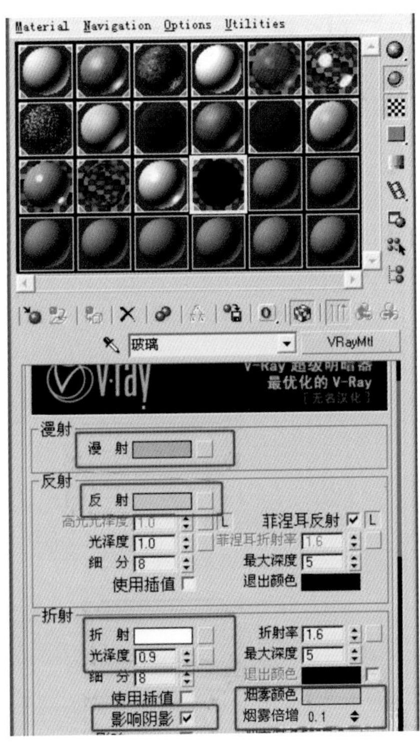

图 8-54 步骤 25

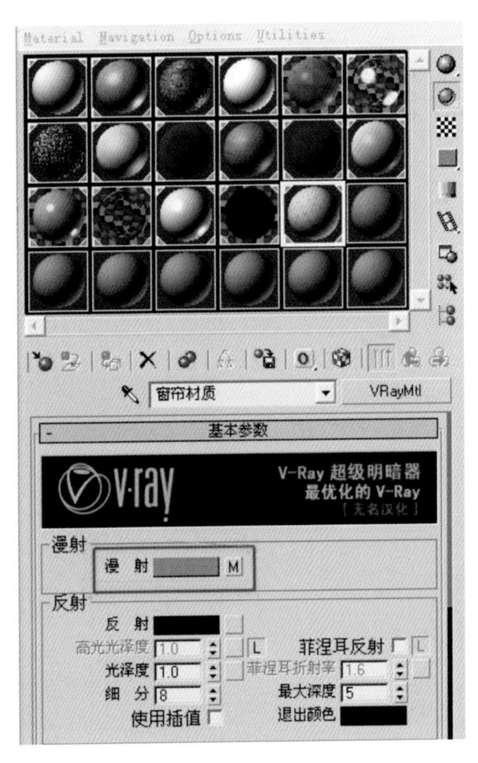

图 8-55 步骤 26

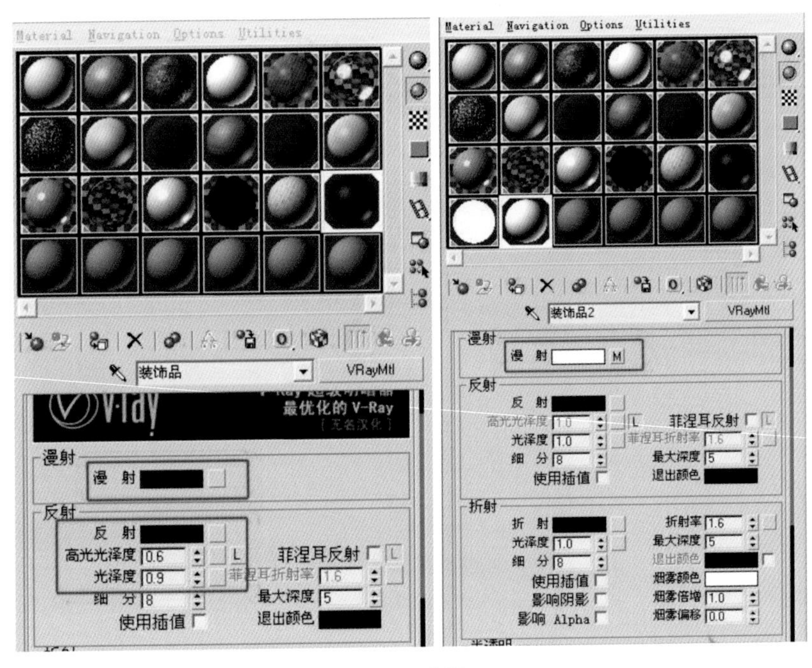

图 8-56 步骤 27

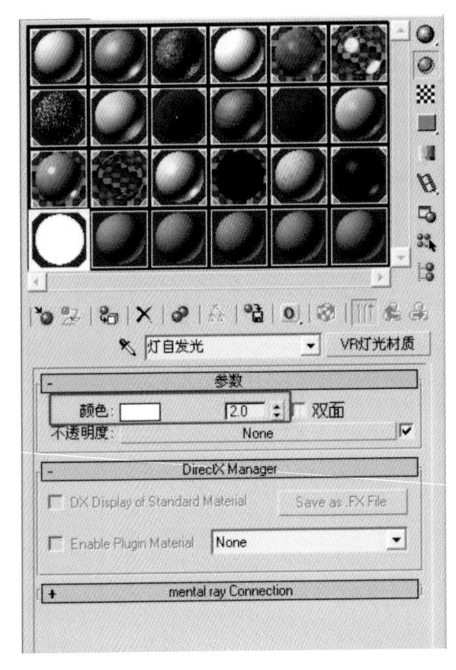

图 8-57 步骤 28

步骤 29:调节木拖鞋材质、拖鞋带的材质,如图 8-58 所示。

步骤 30:调节背景墙上画的材质,如图 8-59 所示。

步骤 31:调节白圈材质,如图 8-60 所示。

步骤 32:材质基本调节完了,再渲染一下,发现有些溢色,如图 8-61 所示。

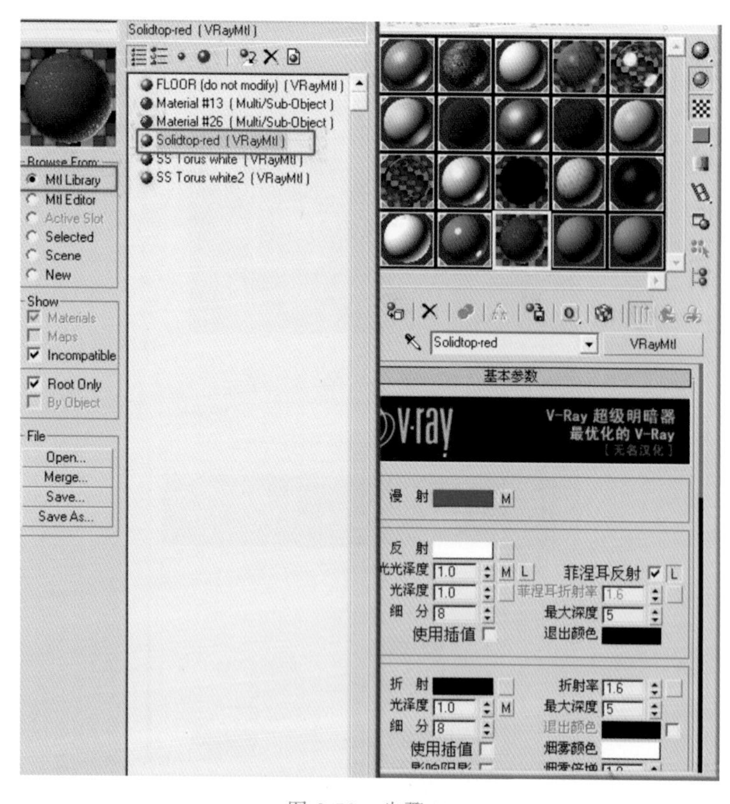

图 8-58　步骤 29

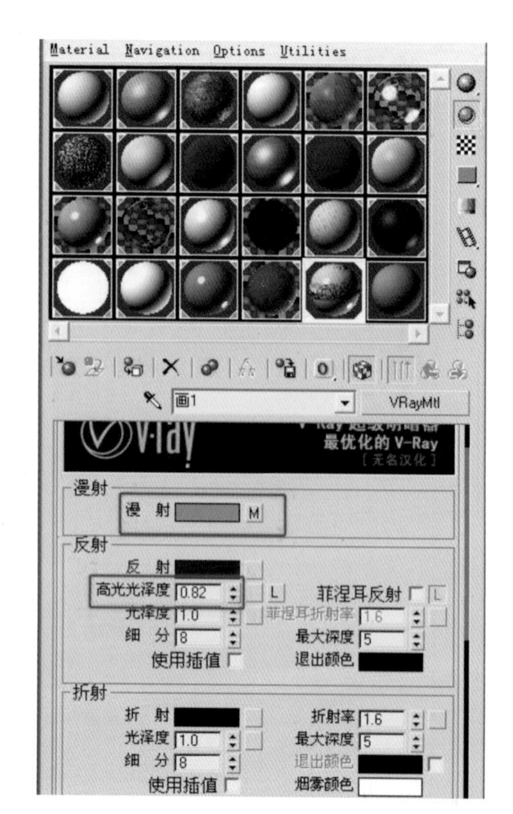

图 8-59　步骤 30

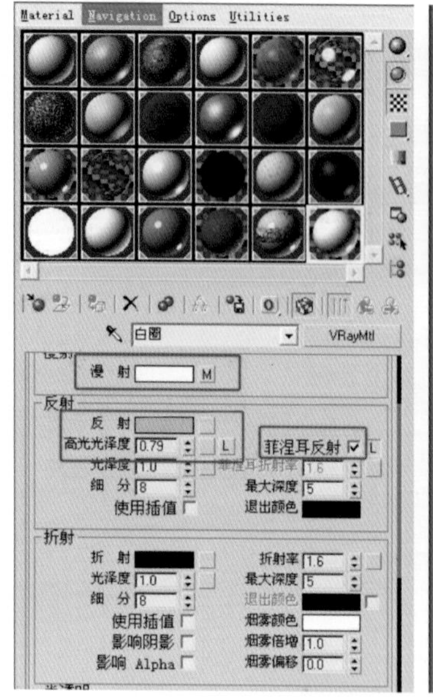

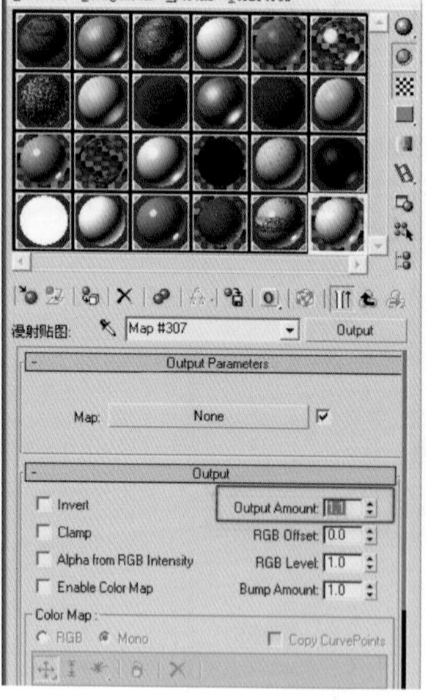

图 8-60　步骤 31

图 8-61　步骤 32

步骤 33:给有溢色的对象添加材质包裹器,如图 8-62 所示。

步骤 34:枕头有点黑,把接收 GI 效果加强。调节墙面,倍增接收 GI 效果,如图 8-63 所示。

步骤 35:床单和床有溢色,给它们添加材质包裹器,如图 8-64 所示。

步骤 36:再次试渲,溢色的情况减少了。

步骤 37:调整渲染面板中的参数,如图 8-65 所示。

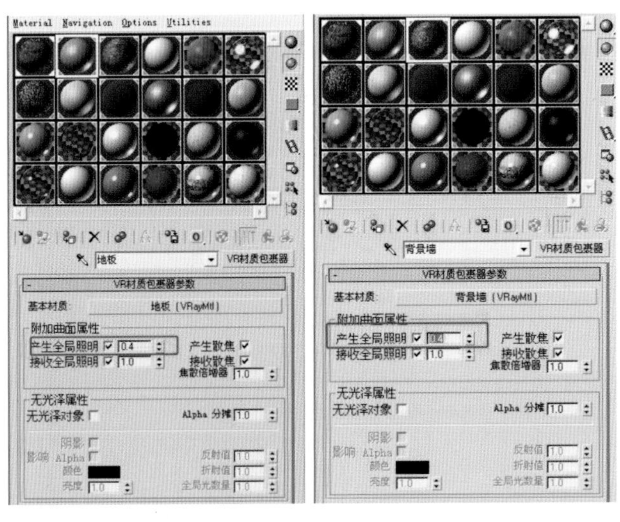

图 8-62 步骤 33

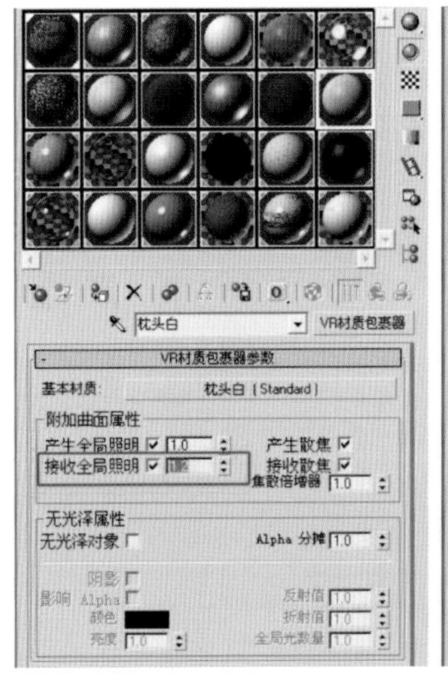

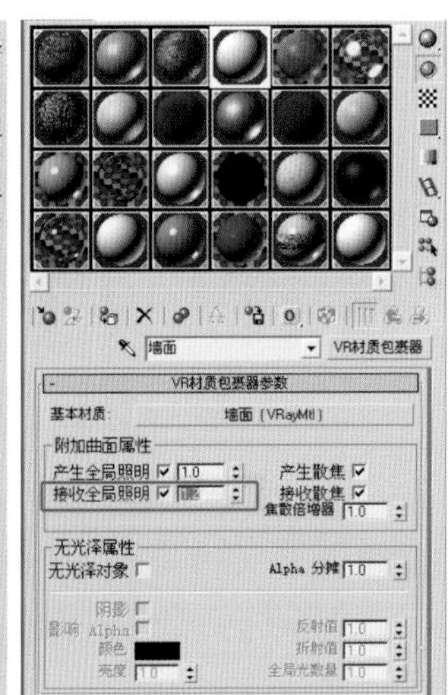

图 8-63 步骤 34

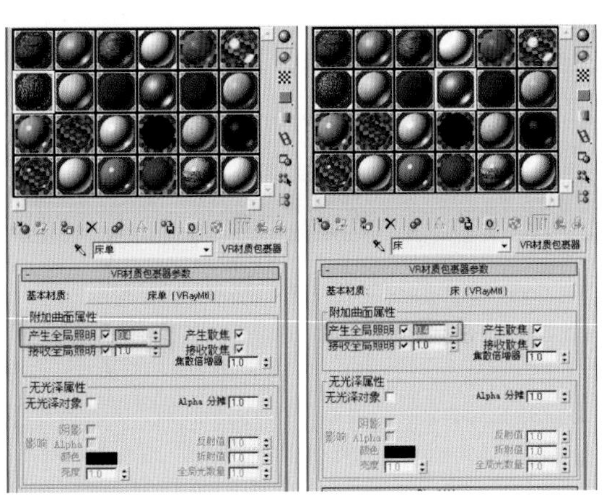

图 8-64 步骤 35

图 8-65 步骤 37

步骤 38:给方形地毯加上毛发效果,参数设置如图 8-66 所示。

步骤 39:改变图片大小,出图,如图 8-67 所示。

得到最终效果,如图 8-68 所示。

作业:对照图 8-69 进行渲染。

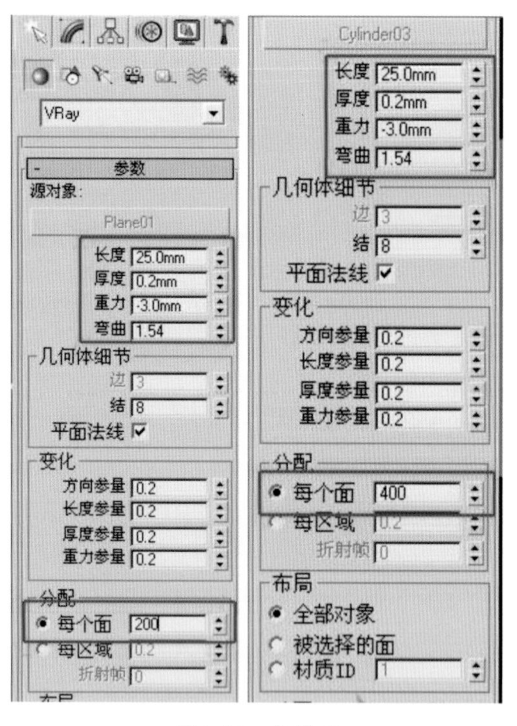

图 8-66　步骤 38

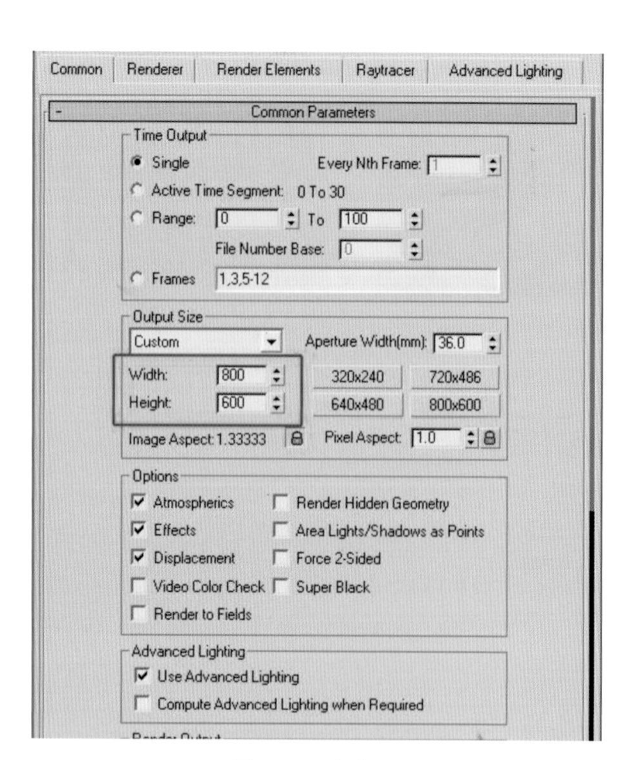

图 8-67　步骤 39

图 8-68　最终效果图

图 8-69　参考渲染图

第五节
室外渲染实例

室外建筑画光照可大体分为几种，对应几个特定时段，即正常的日光光照、黄昏光照、清晨光照、夜景光照和阴天光照，如图 8-70 至图 8-74 所示。

不同的光照产生的视觉效果和画面氛围各不相同，我们要熟悉各个时段光照的特点，并根据具体要求加以合理运用，达到最理想的画面效果。这里对各时段的光照方法进行简单的介绍。

图 8-70 日景(正常)

图 8-71 黄昏

图 8-72 清晨

图 8-73 夜景

图 8-74 阴天

首先熟悉 VRaySun 的功能和使用方法。

VRaySun 是一个比较智能、真实的光照系统,它能对太阳光进行真实的模拟,从实际操作来看,参数比较简单,易于掌握。

VRaySun 参数如下。

enabled:可用,激活 V-Ray 阳光的开关。

turbidity:混浊度(2~20),值越大空气模拟得越混浊。

ozone:臭氧(0~1),过滤光线颜色,0 时颜色饱和,1 时饱和度减弱。

intensity multiplier:强度。

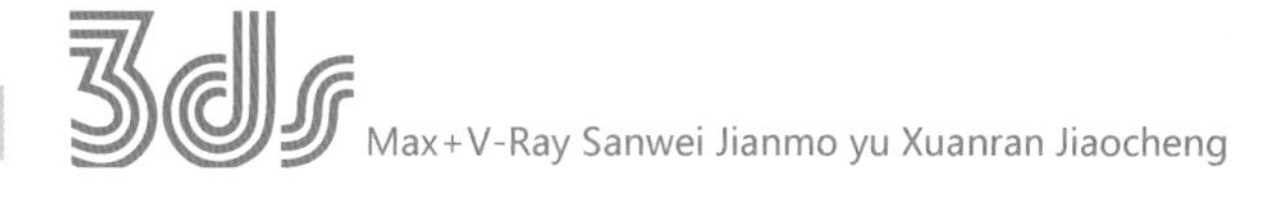

size multiplier:大小,值越大阴影越模糊,这里可以控制阳光阴影模糊程度。

shadow subdivs:阴影细分,控制阴影细腻程度。

shadow bias:阴影偏移。

photon emit radius:光子发射半径,控制光子发光范围,配合 GI 全局光照引擎的光子发光贴图(在首次反射、二次反射的下拉菜单中有)。

Exclude:排除。

一、普通日照

步骤 1:打开场景文件,如图 8-75 所示。

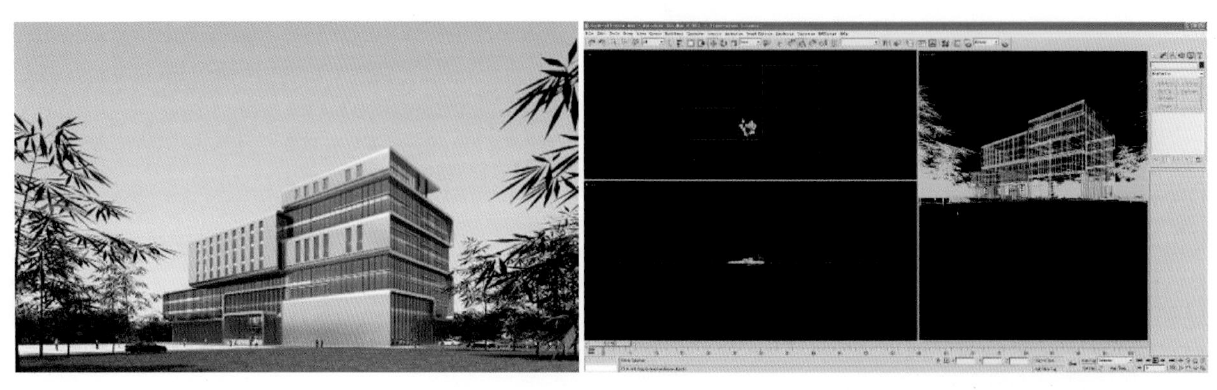

图 8-75　步骤 1

步骤 2:在场景中建立一盏 VRaySun,系统会提示是否关联 VRaySky,这时选择“否”,即不关联,如图 8-76 所示。

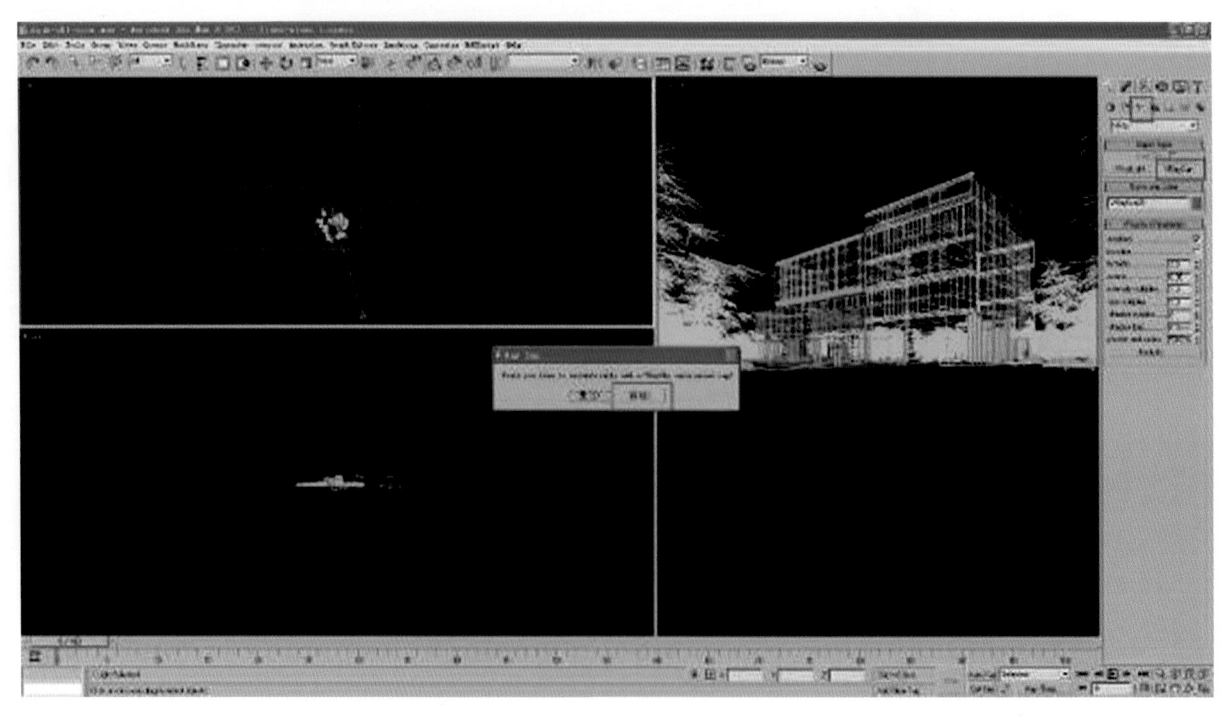

图 8-76　步骤 2

步骤 3:调整太阳光与建筑物的角度和距离,让灯光的位置与现实世界中午时分太阳的位置接近,如图 8-77 所示。

步骤 4:调整阳光参数,调整渲染参数,如图 8-78 所示。

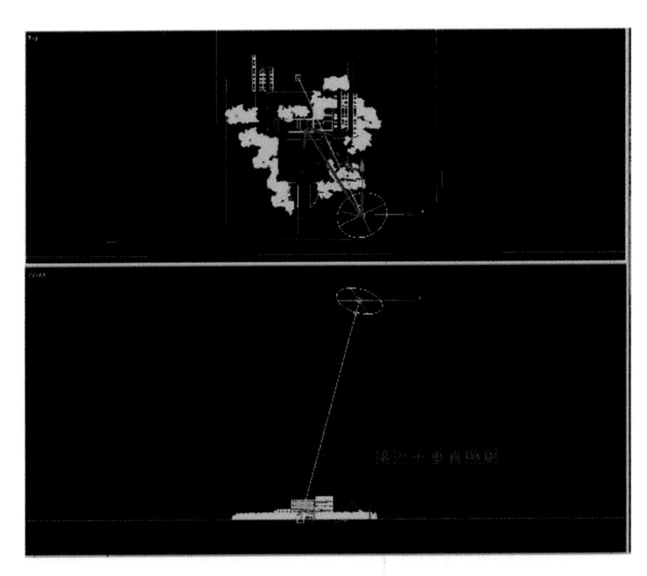

图 8-77 步骤 3

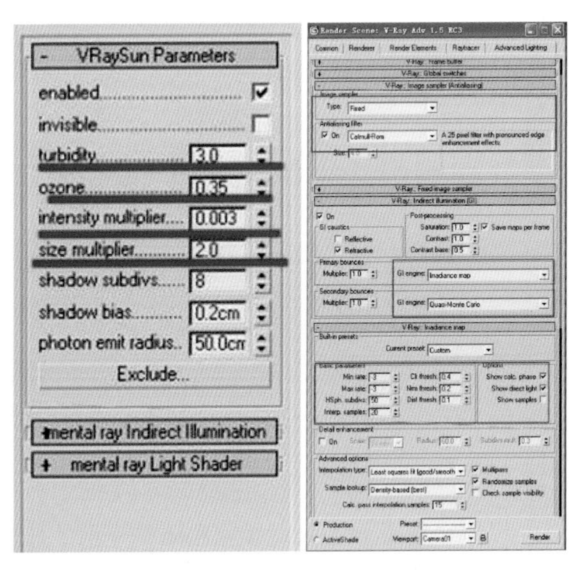

图 8-78 步骤 4

步骤 5:打开环境光,如图 8-79 所示。

步骤 6:调整背景贴图,如图 8-80 所示。

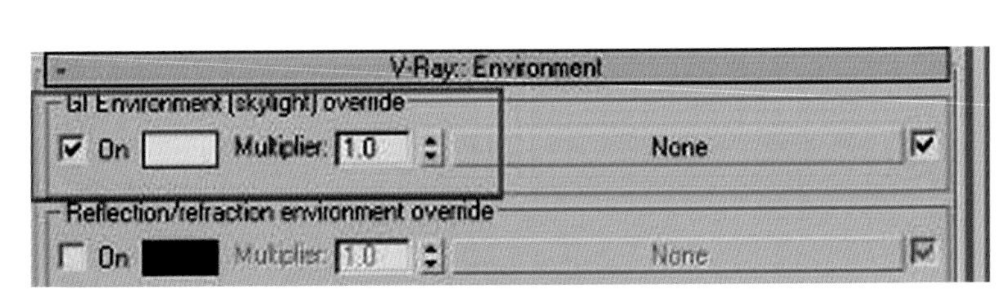

图 8-79 步骤 5

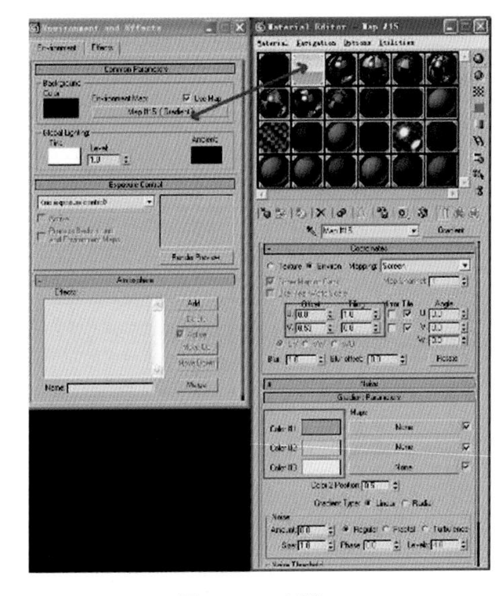

图 8-80 步骤 6

步骤 7:渲染出成品。普通日照效果图如图 8-81 所示。

二、黄昏效果

步骤 1:摆放光源位置(见图 8-82),同时调整灯光参数,增加 turbidity 模拟黄昏浑浊的光线,将 ozone 值调到 0,让色彩更加饱和、鲜亮。由于增加了 turbidity 值,intensity multiplier 光照强度值也要适当增加。

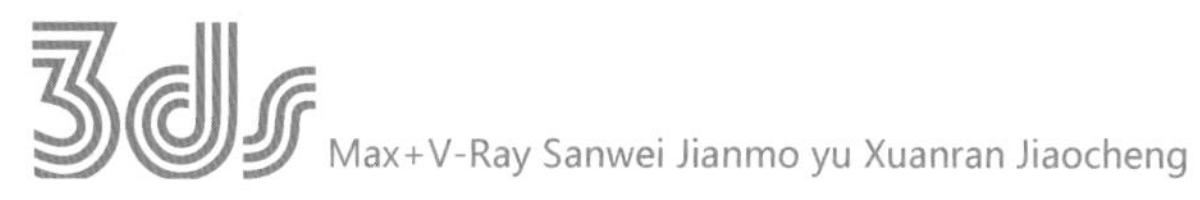

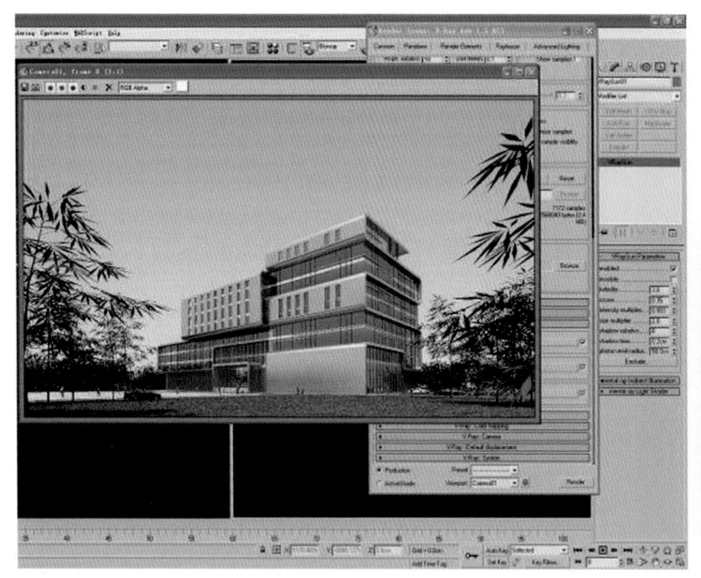

图 8-81　普通日照效果图

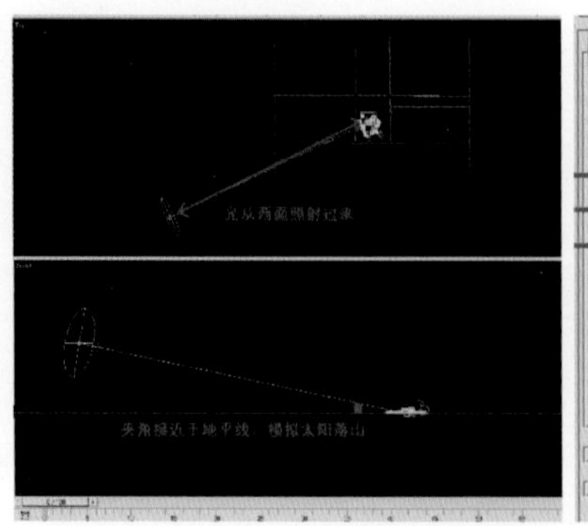

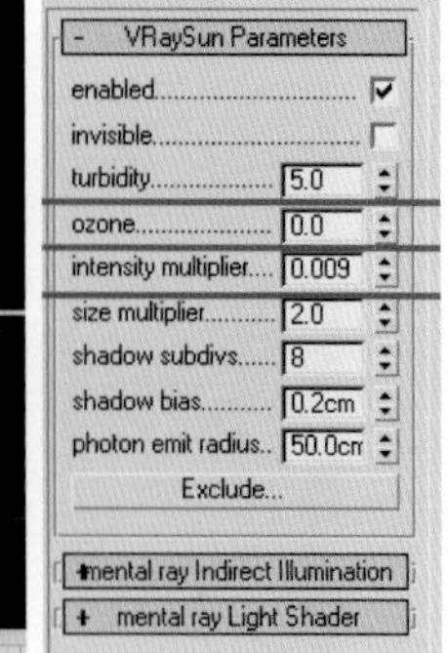

图 8-82　步骤 1

步骤 2:调整背景贴图颜色和环境光颜色,如图 8-83 所示。

步骤 3:渲染出成品。黄昏日照效果图如图 8-84 所示。

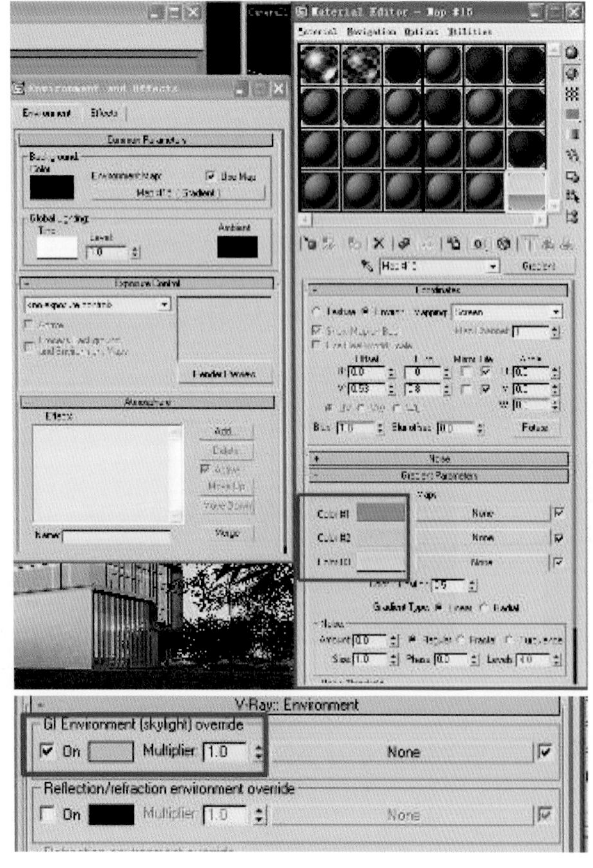

图 8-83　步骤 2

图 8-84　黄昏日照效果图

三、清晨效果

步骤 1:调整灯光参数,如图 8-85 所示。

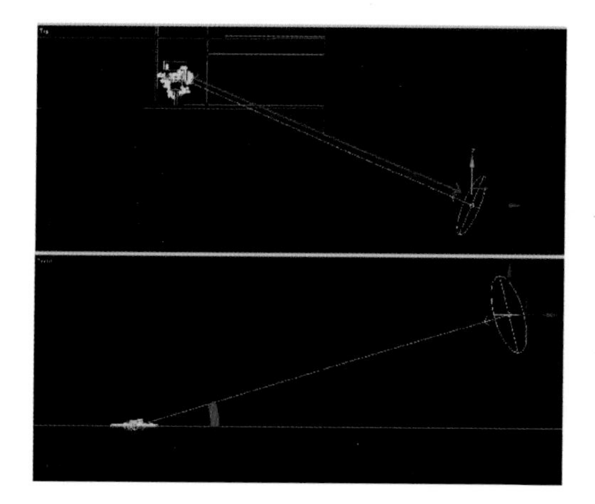

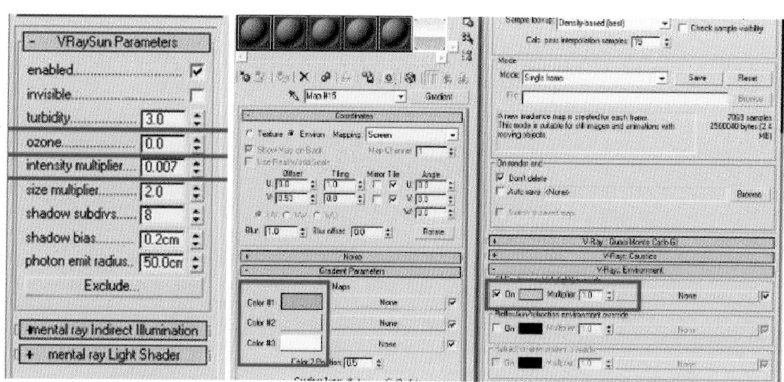

图 8-85 调整灯光参数

步骤 2:渲染出成品。清晨日照渲染效果图如图 8-86 所示。

四、阴天效果

步骤 1:先调整灯光位置和参数(见图 8-87),加大 turbidity 模拟浑浊的光线,将 ozone 值调到 1,降低灯光的饱和度,调整 intensity multiplier 值,只需要产生微弱的直射光。

图 8-86 清晨日照渲染效果图

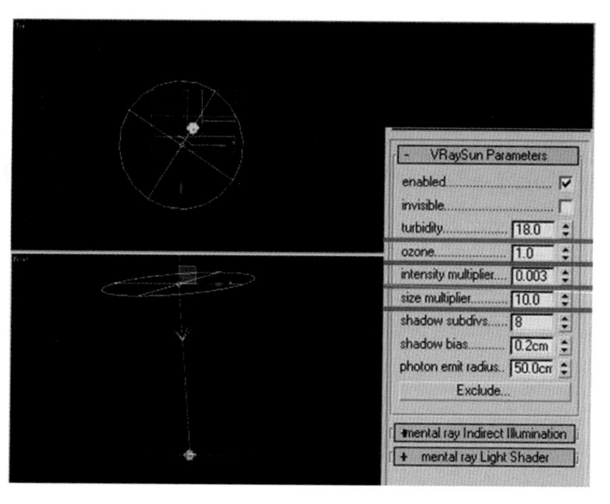

图 8-87 步骤 1

步骤 2:调整环境光的颜色和强度。可适当增加环境光的强度,提高场景的亮度,如图 8-88 所示。

步骤 3:对背景贴图进行调整,采用一张真实的照片作为背景,如图 8-89 所示。

步骤 4:渲染出成品,如图 8-90 所示。

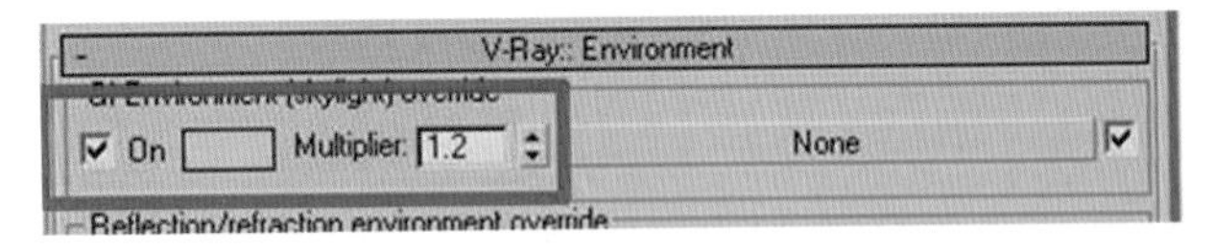

图 8-88 步骤 2

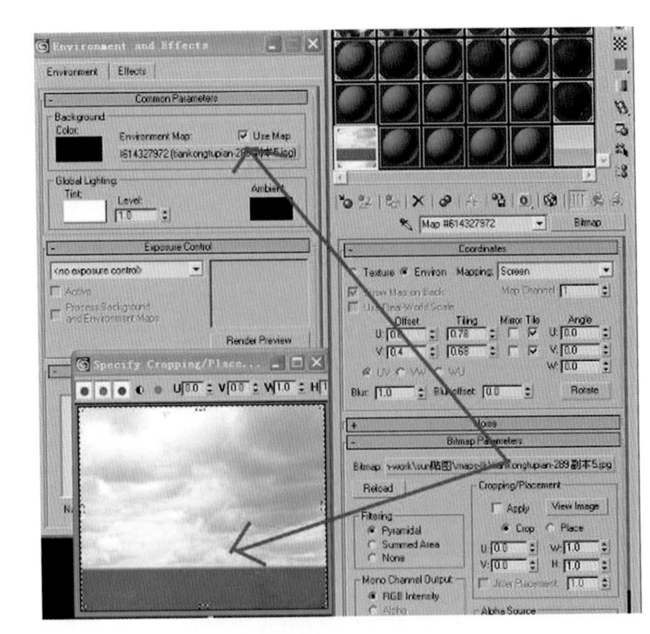

图 8-89 步骤 3

五、夜间效果

步骤 1:对环境光和背景天空进行调整,如图 8-91 所示。

图 8-90 步骤 4

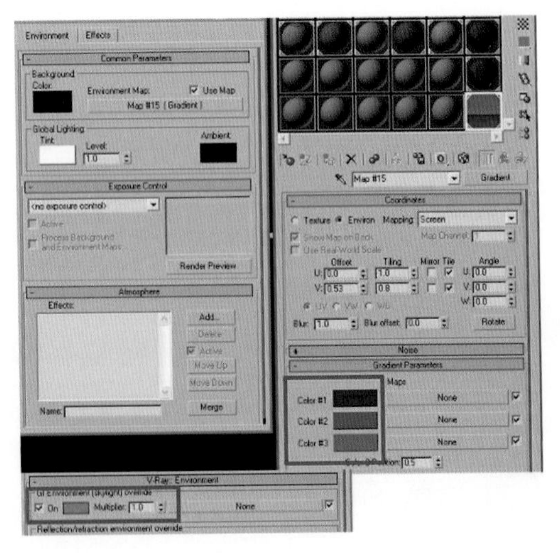

图 8-91 步骤 1

步骤 2:试渲,控制画面的平均亮度、色彩氛围,如图 8-92 所示。

步骤 3:环境光设置好后,增加建筑物的室内光,对建筑物进一步刻画,丰富画面层次,突出重点。这里采用泛光灯进行室内的刻画。一层布置灯光,这是要重点刻画的区域。这里要注意泛光灯的光照范围、强度和灯光颜色,如图 8-93 所示。

步骤 4:渲染,如图 8-94 所示。

步骤 5:在建筑物下放置两盏泛光灯,取消阴影选项,目的是要从下方把建筑物楼板照亮。要注意泛光灯的范围和强度,需要反复细致调整才能达到理想的效果,如图 8-95 所示。

图 8-92 步骤 2

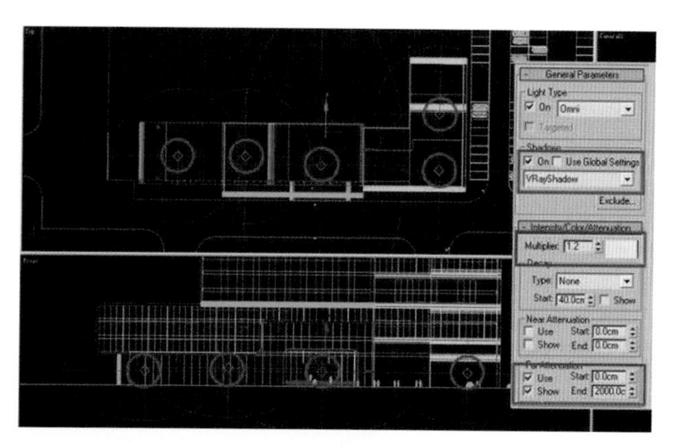

图 8-93 步骤 3

图 8-94 步骤 4

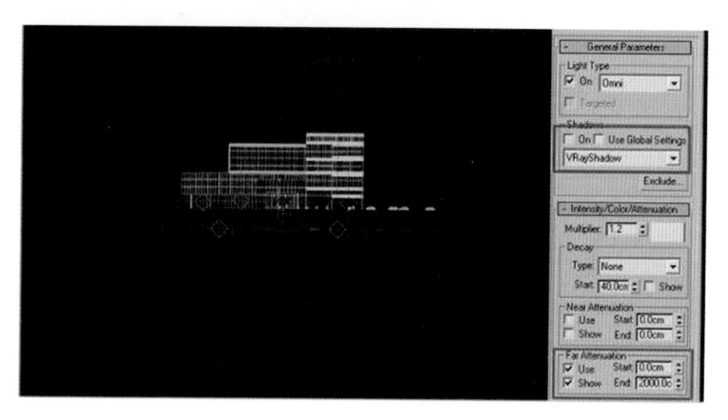

图 8-95 步骤 5

步骤 6:渲染效果,如图 8-96 所示。

步骤 7:主要的灯光效果已布置完成,在广场和草坪上增加一些景观灯,增加画面细节,丰富景色,如图 8-97 所示。

图 8-96 步骤 6

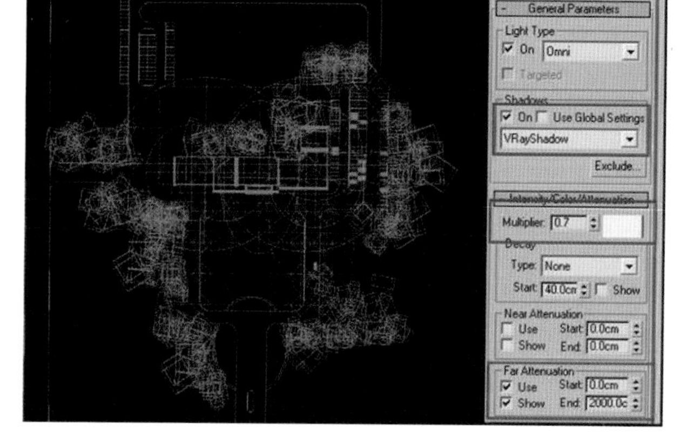

图 8-97 步骤 7

步骤 8:渲染出成品,如图 8-98 所示。

图 8-98　步骤 8

3ds Max+V-Ray Sanwei Jianmo yu Xuanran Jiaocheng

第九章
构　图

■ 学习要点

- 构图基础
- 构图目的

画面尺寸的要求:画面长边不能低于 4000 mm,短边不低于 2500 mm,如图 9-1 所示。

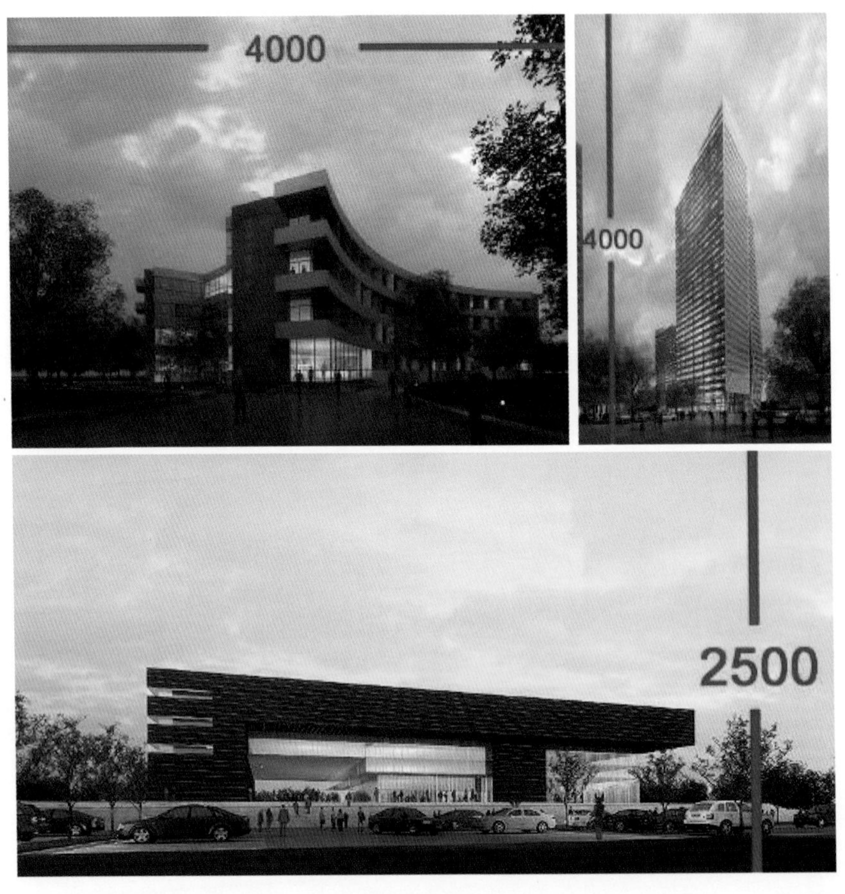

图 9-1　画面尺寸

具体的画面制作要求:首先画面的构图要做到主次分明、合理准确并有视觉冲击力,其次是画面的光感与建筑的质感要表达得真实、准确、有感染力。

第一节
构 图 基 础

构图在绘画和摄影中有着重大的意义。

构图是画面形式的处理和安排,就其实质来说,是解决画面上各种因素之间的内在联系和空间关系,把它们有机地组织在一个画面上，使之形成一个统一的整体。

传统绘画的构图讲究饱满、完整，特别是古典主义绘画，非常讲究构图的平衡性，如图 9-2 所示。

图 9-2 作品

摄影构图与绘画构图虽都采用“平面构图法”，均以二维空间表现三维空间，但在构图方法和程序上则相差甚远。绘画是先设计构图——以主观为主；摄影是先选择构图——以客观为主。绘画构图可以主观地任意取舍，按设计好的构图进行创作；而摄影构图需直接用照相机取景器和镜头进行现场构图，以客观为主，适当取舍。因此，可以说“绘画是加法构图，摄影是减法构图”。这表明了摄影在构图取舍上与绘画构图的取舍有着质的区别。因此，对于摄影师来说，构图是将自然界的“形”变成艺术的“形”的过程中的一个重要环节，置于构思和具体表现方法之中。

一般传统风景绘画构图基本围绕黄金分割和单点透视来进行，如图 9-3 所示。

图 9-3 传统风景绘画

摄影构图就是要研究在摄影画面上形成美的表现形式结构。经典的表现形式结构，是历代艺术家通过实践用科学的方法总结出来，适合于人们共有的视觉审美经验，符合人们所接受的形式美的法则，是审美实践的结晶。吸收前人的经验对摄影的形式表现将产生积极的作用。形式美的表现形式在摄影中也称为摄影构图，而摄影构图无非就是取舍光影的构成，色彩的构成，点、线、面构成的一种选取方式。

第二节
构图的目的

构图的目的是把构思中典型化了的人或景物加以强调、突出，从而舍弃那些一般的、表面的、烦琐的、次要的东西，并恰当地安排配景，选择环境，使作品比现实生活更高、更强烈、更完善、更集中、更典型、更理想，以增强艺术效果。总体来说，构图就是把一个人的思想情感传递给别人的艺术。每一个题材，不论它平淡还是宏伟，重大还是普通，都包含着视觉美点。当我们观察生活中的具体事物，如某一人、树、房或花的时候，应该撇开它们的一般特征，而把它们看作是形态、线条、质地、明暗、颜色、光和立体物的结合体。摄影者运用各种造型手段，在画面上生动、鲜明地表现出被摄物的形状、色彩、质感、立体感、动感和空间关系，使之符合人们的视觉规律，为观赏者所真切感受时，才能取得满意的视觉效果。也就是说，构图要具有审美性，正如罗丹所说的“美到处都有的，对于我们的眼睛，不是缺少美，而是缺少发现美”。摄影者不过是善于用眼睛观察大自然并把这种视觉感受移于画面上而已。但构图不能成为目的本身，因为构图的基本任务是最大可能地阐明艺术家的构思。

在这里我们还要了解一个基本的理论概念——黄金分割律。黄金分割律是几何数学中的比例关系，比值为 1∶0.618……在古罗马奥古斯都时期，有位著名的建筑师名叫维特鲁维斯，他在建筑设计中应用了这样的规则：“要把一个空间划分为惬意而美的两个区域，最小区域与最大区域的比例应等于较大区域与整个空间的比例”。这一规则符合黄金分割律。绘画上，黄金分割律体现为画面的长边、短边之和与长边之比等于长边与短边之比。

古代绘画大师大都遵循黄金分割律作画。黄金分割律在构图中被用来划分画面和安排视觉中心点。画面中理想的分割线需要按下列公式寻找：用 0.618 乘以画布的宽，就能得到竖向分割线，用 0.618 乘以画布的高，就能得到横向分割线。用上述方法共能得到四条分割线，同样也得到四个交叉点。这四个交叉点常被画家用来安排画面的主要物象，使之形成视觉中心点。如委拉斯开兹的《崇拜耶稣》(见图 9-4)，其中小耶稣的头部正好处在黄金分割线的一个交叉点上。由黄金分割律演变而来的还有摄影和平面设计中经常使用的井字形构图法(也称三等分法)，井字形构图是说只要将画面用两条水平线分成三等份，再用两条垂直线分成上下三等份，从而使画面被分割成为 9 个相等的方块，4 条分割线出现 4 个交叉点。黄金分割律具有一定的审美意义，但不能将其绝对化。古典主义画家曾按照黄金分割律来塑造人体比例，这种无个性的理想化模式，使人物缺乏生动的真实感。

黄金分割理论可以用作画面构图的一个重要参考，但不应该成为构图的绝对与唯一。

商业建筑效果图的构图(见图 9-5)，首先要确定主体建筑的构图，也就是我们在 Max 里建立相机确定角度阶段，这一阶段我们就要通过与客户的交流，明确画面所要表达的建筑内容，根据制作要求对相机进行调整。需要注意的是，要做到均衡、稳定、空间感强、主次分明，在条件允许的情况下能具备一定的视觉冲击力和感染力最好。

在确定了相机完成建筑构图后，还要确定画面的边界，也就是确认画面的渲染框，并开始通过人、车、树、灌

图 9-4 《崇拜耶稣》(委拉斯开兹)

图 9-5 商业建筑效果图的构图

木、景观小品、路灯、天空甚至云彩等一系列配景元素,来丰富和完善画面的构图,以营造出最终的画面效果,达到理想的画面氛围。这一阶段的工作非常重要而且不存在定式。要把构图布局做好,需要我们对画面有深刻的理解与认识,并不断地学习、实践、分析、总结。

第三节
构图简单分析

构图实例如图 9-6 至图 9-9 所示。

构图布局合理

画面构图布局过于局促，缺少空间感

画面中心偏高，天空与地面比例失调

画面进光方向与背光方向空间比例失调

图 9-6 构图实例一

构图布局合理

画面构图布局过于局促，缺少空间感

画面中心偏高，天空与地面比例失调

画面进光方向与背光方向空间比例失调

图 9-7　构图实例二

构图布局合理

画面构图布局过于局促，缺少空间感

画面中心偏高，天空与地面比例失调

画面进光方向与背光方向空间比例失调

图 9-8　构图实例三

构图布局合理　天空与地面比例失调　构图过满　进光与背光空间比例失调

图 9-9　构图实例四

通过上面的实例分析,我们可以总结几点建筑效果图的构图要点。

(1) 建筑效果图的构图在解决了建筑自身的均衡稳定的前提下,营造画面的空间感就成为至关重要的问题,首先构图布局不能太满,这样会使画面过于单一、局促、缺少空间感,虽然说主体建筑得到了突出表现,但画面过于直白,失去了意境。

(2) 建筑效果图的构图,要根据建筑自身的体量关系和光照方向来营造画面的空间感,并不存在绝对固定的模式。

(3) 视图中天空与地面在画面中的比例要适当,天空的比例要多于地面,这样建筑画的虚实关系会比较好;画面进光面方向的空间要多于背光面方向的空间,这样会加强画面的光感和纵深感。

总体来说,这一阶段的构图重点就是要通过对相机和渲染框的调整来确定画面的视觉中心,完成大的构图布局,为下一步画面配景的布置打下基础。

在布置配景之前,首先要确认画面的具体制作要求,以及用途和最终需要达到的效果。根据实际制作要求进行配景布置。

第四节 构图实例

一、实例一

步骤 1:在相机和图框确认之后,就需要通过一系列的配景元素,继续深入完善画面构图,使之达到最终需要的视觉效果。这一过程紧密围绕画面的视觉中心,使画面层次既丰富多彩又主题鲜明,如图 9-10 所示。

图 9-10 步骤 1

步骤 2:图 9-11 的视觉中心基本上在红圈范围内,这是我们之前调整相机和图框所要达到的效果,是整个画面光影及建筑细节最为丰富的区域,也基本符合黄金分割律。在明确了画面的视觉中心之后,加入配景。

图 9-11 步骤 2

步骤 3:对重复的建筑立面进行一些取舍,如图 9-12 中红圈所示,原则就是既不能打乱建筑的完整性,又要让建筑感觉有所变化和不同。这里还对前景的地面进行了一些修饰,增加了住宅小区内的景观路,路的走势和方向都很重要,既增强了整个画面的空间感和透视感,同时也与视觉中心形成呼应。

图 9-12 步骤 3

步骤 4:增加一些大树,逐步完善画面的构图,集中视线,加强空间感,如图 9-13 所示。

图 9-13 步骤 4

步骤 5:加入远景建筑和配景,如图 9-14 所示。

图 9-14 步骤 5

步骤 6:增加绿化灌木,丰富画面细节,如图 9-15 所示。

图 9-15 步骤 6

步骤 7:对配景进行微调,并加入人、车、草坪灯、座椅等其他元素。这样建筑画的构图部分基本完成,剩下的就是要对画面的光感与质感进一步调整,以达到最终的视觉效果,如图 9-16 所示。

图 9-16 步骤 7

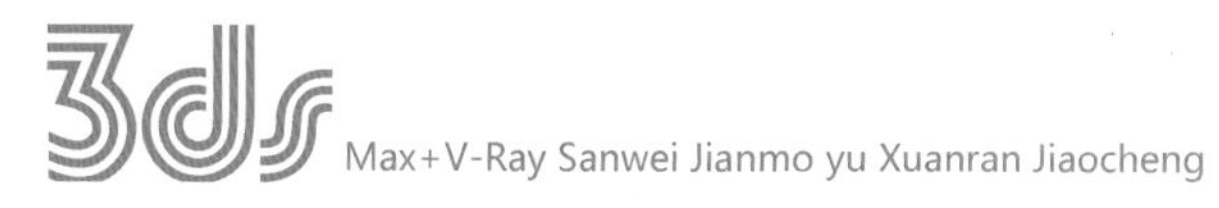

步骤 8:渲染出成品图,如图 9-17 所示。

图 9-17　步骤 8

二、实例二

步骤 1:确认相机角度和渲染框,完成画面大的布局,如图 9-18 所示。

图 9-18　步骤 1

步骤 2:布置场地,通过路的走势增加画面的景深和空间感,图 9-19 所示。

图 9-19　步骤 2

步骤 3:采用树木对建筑立面进行取舍,完善构图,强调视觉中心,聚拢画面视线。至此画面的主要构图布局基本完成,剩下的就是增加画面细节,营造画面氛围,如图 9-20 所示。

图 9-20 步骤 3

步骤 4:加入车辆、人物等元素,丰富画面,如图 9-21 所示。

图 9-21 步骤 4

步骤 5:渲染出效果图,如图 9-22 所示。

图 9-22 步骤 5

参考文献
References

[1] 维圣设计,杨一菲,张海华. 3ds Max/VRay 印象室内公共空间表现专业技法[M]. 北京:人民邮电出版社,2009.

[2] 周涛. 3ds Max 2010 完全自学教程[M]. 北京:中国铁道出版社,2011.

[3] 艾萍,赵博. 三维建模与渲染教程——3ds Max+V-Ray[M]. 北京:人民邮电出版社,2011.